Hotel- und Barpsychologie

Claus Lampert

Hotel- und Barpsychologie

Psychologie für die Gastronomie

 Springer VS

Claus Lampert
Frankfurt, Deutschland

ISBN 978-3-8274-3029-8   ISBN 978-3-8274-3030-4 (eBook)
DOI 10.1007/978-3-8274-3030-4

Die Deutsche Nationalbibliothek verzeichnet diese Publikation in der Deutschen Nationalbiblio-
grafie; detaillierte bibliografische Daten sind im Internet über http://dnb.d-nb.de abrufbar.

Springer VS

Planung und Lektorat: Marion Krämer, Bettina Saglio
Redaktion: Dipl. Psych. Renate Neuer
Einbandabbildung: © Jupiterimages/Photos.com/Thinkstock
Einbandentwurf: SpieszDesign, Neu-Ulm

Gedruckt auf säurefreiem und chlorfrei gebleichtem Papier

Springer VS ist eine Marke von Springer DE. Springer DE ist Teil der Fachverlagsgruppe Springer
Science+Business Media.
www.springer-vs.de

Vorwort

Auf dem Weg zu diesem Buch kamen in mir zwei Fragen auf: Warum gibt es nicht schon längst ein Buch über Hotel- und Barpsychologie? Und: Bin ich wirklich der Erste, der diese Lücke zu schließen versucht? Vielleicht liegt es daran, dass das Barleben größtenteils in der Nacht stattfindet und Dunkelheit das Licht scheut. Nun erlaube ich mir, mit Verlaub, etwas Licht in »die Schattenwelt« zu bringen.

Als ich anfangs über den Begriff der »Hotel- und Barpsychologie« nachdachte, wirkte er auf mich zunächst etwas befremdlich, weil ich Bedenken hatte, dass man ihn fälschlicherweise missverstehen und mit Nachtclub und Rotlichtviertel assoziieren könnte, so wie beispielsweise den Begriff »Bardame«. Mittlerweile ist der Begriff »Hotel- und Barpsychologie« für mich eindeutiger und klarer geworden und mir ist bisher auch kein treffenderer eingefallen. In diesem Buch verwende ich ihn synonym für alle psychologischen Phänomene und Aktivitäten in der Gastronomie. Da ich in der Begrifflichkeit nicht ständig wechseln möchte, verwende ich den Begriff »Bartender« stellvertretend für Hotelmanager, Hotel- und Restaurantfachmann, Kellner, Wirt, Servicemitarbeiter, Rezeptionist, Koch sowie für beide Geschlechter gleichermaßen. Ich bin mir auch bewusst, dass es verschiedene Berufsrollen und Unterschiede gibt, je nachdem, ob man in einer Bar, im Hotel, im Restaurant, in einem Club oder auf einer Großveranstaltung tätig ist. Um dabei nicht ständig wechseln zu müssen, werde ich auch hierfür und überwiegend den Begriff »Bar« verwenden. Ebenso gibt es in einem Hotel viele Arbeitsbereiche wie Rezeption, Zimmerservice, Küche, Verwaltung etc., die es alle wert sind, psychologisch genauer unter die Lupe genommen und im Einzelnen angesprochen und benannt zu werden. Das vorliegende Buch ist so konzipiert, dass es für die Mitarbeiter aller Arbeitsbereiche gleichermaßen möglich ist, das Wissen auf die jeweiligen Arbeitsbedingungen zu übertragen und dort anzuwenden.

Solch ein Buch ist längst überfällig, sagen die einen. Die anderen fragen, ob es denn wirklich nötig sei, ein psychologisches Handbuch für Hoteliers und Gastronomen aber auch für den allgemeinen Wirt, Koch und Servicemitarbeiter sowie für interessierte Gäste zu schreiben? Ich beantworte diese Frage ganz eindeutig mit »ja«, es ist höchste Zeit! Die Toleranz gegenüber psychischen Erkrankungen in der Gesellschaft wächst und ebenso das psychologische Verständnis. Psychologie ist längst nicht mehr nur einer kleinen Gruppe von Spezialisten vorbehalten, sondern für große Teile unserer Gesellschaft interessant geworden und gefragter denn je.

Wie kam ich auf die Idee, dieses Buch, das Sie gerade in Ihren Händen halten, zu schreiben? Die Wurzeln des Motivs dafür lassen sich in meiner Kindheit finden. Meine Familie war bereits in der vierten Generation in der Ernährungsbranche tätig. Und die Familie meines Freundes Stefan hatte in unserem Dorf eine Pension mit Landgasthof, in der wir schon als Kinder zusammen spielten. Stefan lernte Koch und übernahm dann den Betrieb der Großeltern und Eltern. Weil er von da an nur noch wenig Freizeit hatte, was ja leider bei vielen Selbstständigen mehr die Regel als die Ausnahme ist, besuchte ich ihn regelmäßig in seiner Küche. Und so unterhielten wir uns während des Kochens über die alltäglichen Aufgaben, Probleme und gastronomischen Sorgen. Wir sprachen häufig über das Verhalten der Gäste und über den Umgang mit Kunden. Weil mir am Wohlergehen von Stefan aber auch an den Menschen vor der Theke, von denen ich viele persönlich kannte, etwas lag, suchte ich bereits Ende der 1980er Jahre nach Literatur über Psychologie in der Gastronomie. Aber gibt es das? Ich konnte beim besten Willen nichts darüber finden. Schon als Jugendlicher interessierte ich mich für Psychologie. Was hält den Menschen im Innersten zusammen, warum verhält er sich so und nicht anders und vor allem, wie lösen Menschen Konflikte? Und so studierte ich schließlich Psychologie.

Um meinen Lebensunterhalt zu verdienen, arbeitete ich als Kellner und trug ein Stadtmagazin in den Frankfurter Hotels, Bars und Clubs aus. An das Ende meiner Tour legte ich mir meistens eine besondere Bar (die Lunabar), die mir aufgrund ihres netten und kompetenten Teams gut gefiel. Weil ich damals in einem kleinen Studentenzimmer lebte, ging ich mit meinen Freunden gerne in Hotels, denn dort hatten wir genug Platz und wurden kompetent und zuvorkommend behandelt. Das gefiel uns gut, denn gedämpftes Licht, schöne Musik und gepflegte Menschen waren ein schöner Ausgleich zu den Anforderungen des Studiums. Und so verbanden sich zunehmend Psychologie, Hotel und Bar zu »Hotel- und Barpsychologie«.

Es war schön, den Bartendern bei ihrer Arbeit zuzusehen, wie geschickt und schnell sie ihre Arbeit taten und gleichzeitig für eine angenehme Atmosphäre sorgten. Einer dieser Bartender war Marcel Marron. Er fiel mir durch sein sympathisches Wesen und eine hohe fachliche Kompetenz auf und wurde schließlich zu einem besonderen Gesprächspartner. Marcel und seine Kollegen Ömer, Martin, Antonella, Reza, Mümtaz, Dandy, Alex (einer der beiden Gründer von Bitter Truth) u.a. waren ein Spitzenbarteam, wofür sie auch mehrfach prämiert wurden. Ich hegte damals schon den Plan, nach meinem Studium etwas über die Psychologie in und an der Bar zu schreiben, und dies gemeinsam mit Marcel. Marcel sollte die Sicht des Bartenders reflektieren und ich sollte die Geschehnisse an der Bar psychologisch erklären und begründen.

Unterstützt und motiviert von meiner Freundin Vera, die Lehrerin ist, begann ich zum Ende des Studiums auch erstmals als Psychologe in der Berufsausbildung tätig zu werden. Ich beendete mein Studium und so war die Zeit reif, um mein beziehungsweise unser Vorhaben, Artikel über Barpsychologie zu schreiben, umzusetzen. Marcel brachte mir zunehmend den Blickwinkel des erfahrenen Bartenders näher, und ich begann das gastronomische Geschehen psychologisch zu erklären und auszuformulieren. So lernte ich von ihm die Sicht des Bartenders näher zu verstehen, und er lernte von mir mögliche psychologische Modelle und Erklärungsansätze des beobachteten Verhaltens. Aus heutiger Sicht eine gute Entscheidung. Marcel konnte dann auch schon bald einen Kontakt nach Berlin zu Jens Hasenbein und Helmut Adam, den Herausgebern der *Mixology*, herstellen,

Claus und Marcel (mit freundlicher Genehmigung von © Marcel Marron)

die uns 2004 eine feste Kolumne in ihrem Magazin anboten. *Mixology* war noch neu auf dem Markt und Helmut und Jens waren froh über unsere Beiträge. Marcel und ich waren froh, dass sie uns die Möglichkeit gaben, unsere Gedanken bei ihnen zu veröffentlichen. Und so hatten wir alle etwas davon. Wir begannen unsere Kolumne immer mit der Überschrift »Barpsychologie: Die Couch an der Bar«.

In unseren ersten Artikeln befassten wir uns mit sozialer Wahrnehmung, Kommunikation, Stammgastbindung und Körpersprache. In den Jahren 2004 bis 2007 veröffentlichten wir in der *Mixology* insgesamt zehn Artikel.

Ich bin Diplompsychologe und unterrichte Psychologie für Gastronomen und Hoteliers und habe das Vertrauen, dass meine Leser und Seminarteilnehmer in der Lage sind, auch ohne Psychologiestudium psychologisches Wissen zu erwerben, dieses zu verstehen und anzuwenden. Mir geht es nicht darum, triviale und unüberprüfbare Aussagen zu machen, wie sie zur Genüge in der gastronomischen Szene in Umlauf sind, aufgrund der Annahme, meinen Zuhörern seien wissenschaftliche Erkenntnisse zu schwierig. Im Gegenteil, ich bin davon überzeugt, dass meine Form der Wissensvermittlung notwendig ist, um psychologische Kompetenzen zu fördern. Andernfalls besteht die Gefahr, dass sich jeder selbst etwas zusammendichtet und es dann als psychologisch fundiert ausgibt. Dennoch ist Erfahrung etwas ganz Wichtiges und unverzichtbar. Der beste Lehrmeister ist meistens das Leben selbst. Und somit ist das Lesen dieses Buches auch ein Teil des Lebens.

Nach ungefähr drei Jahren sagte Marcel eines Tages, er wolle sich beruflich und privat verändern, was ich auch gut verstehen konnte. Die Luft bei uns war erst einmal raus, denn wir hatten umgesetzt, was wir gemeinsam planten. Danke Marcel!

In mir begann eine Zeit der Krise, und die Motivation, alleine weiterzumachen, war auf dem Nullpunkt angelangt. 2007 luden mich dann jedoch die Herausgeber der *Mixology*, Jens und Helmut, als Referent zu ihrem 1. Barconvent nach Berlin ein. Ich nahm all meinen Mut zusammen, plante meinen Vortrag und sprach schließlich vor einem neugierigen aber auch etwas verunsichert wirkenden Publikum über die Grundlagen der Hotel- und Barpsychologie. Ich möchte an dieser Stelle nichts beschönigen. Es war ein harter Weg bis zu diesem Buch, und einiges Naserümpfen zu den von mir ausgewählten Themenbereichen war zu beobachten. Aber es war, so wie auch der 1. Barconvent, ein großer Erfolg. Das Eis war gebrochen und man sprach darüber.

Im Nachhinein dachte ich mir, dass vielleicht meine wissenschaftliche Sprache und meine Herangehensweise ein Grund dafür waren, weshalb sich Marcel zunehmend zurückgezogen hat. Ich bin ihm dankbar, denn ohne ihn hätte ich mich nicht so intensiv an das Thema herangewagt. Aber auch die Zeit mit Stefan in seiner Küche brachten mir den Blick des Kochs und Gastronomen sowie des ausgebildeten Restaurantfachmanns und Bartenders nahe. Marcel erinnerte mich immer wieder daran, dass ich die Artikel so schreiben solle, dass es auch ein Laie verstehen könne. Ich beherzigte seinen Rat und glaube, mittlerweile die passende Sprache gefunden zu haben. Mit beiden bin ich übrigens bis heute noch immer befreundet und wir besprechen nach wie vor psychologische Themen. Das finde ich sehr schön und es zeigt uns, dass wir auch weiterhin voneinander lernen können, wenn wir uns die Zeit dazu nehmen und offen sind für neue Erfahrungen.

Meines Wissens gab es bisher, zumindest im deutschsprachigen Raum, kein Buch, das sich mit Hotel- und Barpsychologie beschäftigt. Es gibt wohl einzelne Passagen in verschiedensten Cocktail- oder Barschulungsbüchern, jedoch ohne Anspruch auf psychologisch fundierte Aussagen. In dem Standartwerk *Hotel und Gast* (2007), einem Lehrbuch für die Ausbildung zum Hotel- bzw. Restaurantfachmann, wird das Thema immerhin kurz angesprochen. Der Leser findet dort sieben Gästetypen beschrieben, ohne dass klar wird, wie diese Aufteilung zustande kommt. Um auf das Arbeitsleben in der Gastronomie psychologisch gut vorbereitet zu werden, erscheint mir das zu wenig.

Vor dem Hintergrund jahrelanger Gespräche mit Hoteliers, Bartendern und Gastronomen sowie eines von mir erstellten Lehrplans für Hotel- und Barpsychologie, den ich 2006 interessierten Lehrern der Hotelfachschule Hamburg vorgestellte habe, ist dieses Buch entstanden. Bei diesen aufgeschlossenen und neugierigen Kollegen möchte ich mich an dieser Stelle noch einmal herzlich bedanken. Es sind die Mutigen, die etwas in Bewegung bringen und schließlich verändern können und ich glaube, dass diesen Berufsschullehrern noch viele Interessierte folgen werden. Dazu wage ich eine Prognose: Ich glaube, dass die Psychologie in der Gastronomie in einigen Jahren so selbstverständlich dazugehören wird, wie die Minze und der Rum in einen Mojito gehören. Ob es so wird, das liegt nun mit an Ihnen. Sicher wird es in dieser ersten Auflage des Buches Themen geben, die ich vielleicht noch nicht behandelt und dargestellt habe, weil ich sie entweder zu fachspezifisch eingeschätzt habe oder weil sie mir nicht ein- bzw. aufgefallen sind. Die Inhalte sind sicher ausbaufähig und werden auch zusehends wachsen, wenn man sie pflegt.

Doch nun möchte ich Sie mit in die Welt der Hotel- und Barpsychologie nehmen. Ich werde Sie, wie ein guter Gastgeber, in die unterschiedlichen Themengebiete der Psychologie einführen und Ihnen ältere und jüngere Theorien vorstellen. Sie werden viele praktische Beispiele und Merksätze kennenlernen und 32 Übungen bewältigen. Auf diesem Weg werde ich mich einer Alltagsprache bedienen, ohne jedoch auf wesentliche Fachbegriffe zu verzichten.

Ich wünsche Ihnen viel Freude beim Lesen und eine lehrreiche Zeit.

Claus Lampert
Frankfurt am Main, im Juni 2012

Danksagung

Ich hatte das Glück, in eine Familie hinein geboren worden zu sein, die mir stets ein sehr einfühlsames, menschliches, wertschätzendes und überaus kompetentes Serviceverhalten vorgelebt hat, weshalb ich mich zu allererst bei meinen Eltern bedanken möchte. Des Weiteren bedanke ich mich bei meiner Schwester Carmen Jeckel und ihrer Familie, die mir in Krisenzeiten und bei Sorgen immer zur Seite standen. Sowie bei allen aus meinem familiären Kreise, den Überlebenden und den Verstorbenen.

Bestens unterstützt wurde ich bei meinen Recherchen von Vera Ostersetzer, die mich mit ihren Gedanken, Textkorrekturen und bei den Hotel- und Baranalysen begleitet hat.

Ein besonderer Dank geht auch an Susanne Maintz für die motivierenden, aufmunternden und reflektierenden Gespräche während des Schreibens! Zwei hilfreiche Gefährten, die mir in all den Jahren mit ihrer gastronomischen Kompetenz und Freundschaft zur Seite gestanden haben, sind Stefan Blass und Marcel Marron, bei denen ich mich nochmals besonders bedanken möchte.

2004 und die folgenden Jahre boten mir/uns Helmut Adam und Jens Hasenbein die Möglichkeit, Beiträge über Barpsychologie zu veröffentlichen. 2007 luden sie mich als Referent zum 1. Barconvent nach Berlin ein. Bastian Heuser stellte Kontakte zur Barszene und zu namhaften Firmen her und vermittelte mir Seminare und Vorträge. Ein großer Dank geht deshalb an Euch und an das Team von *Mixology*.

Ein weiterer Dank gilt Frau Dr. H. K. Palicki, die mich sehr warmherzig, behutsam und fürsorglich durch die Höhen und Tiefen meiner verspäteten Studienzeit begleitet hat. Sowie meinem Förderer, Mentor und Supervisor, Herrn Mario Muck, von dessen menschlicher Wärme, psychoanalytischer Kompetenz und Weisheit ich sehr profitiert habe. Auf meinem beruflichen und persönlichen Weg wurde ich auch von Doris von Freyberg-Döpp unterstützt, wofür ich ihr sehr dankbar bin.

Dieses Buch wäre jedoch nie entstanden ohne die vielen Bartender, Gastronomen, Hoteliers, Fachlehrer und Gäste, die mir Einblicke in ihr Inneres gewährt haben. Besonders seien hier die Gäste, Gastronomen und Freunde in meinem Heimatdorf Laufenselden erwähnt, mit denen ich über viele Jahre in den Wirtshäusern und an den Stammtischen zusammensitzen durfte. Ohne Euch hätte ich niemals so viel über das Leben, aber auch über das Leben in der Gastronomie, erfahren.

An dieser Stelle möchte ich mich bei Frau Krämer, Frau Rumpf und Frau Saglio vom Springer Verlag bedanken, die das Projekt von Beginn an sehr optimistisch unterstützt haben, sowie bei Frau Neuer für ihre sorgfältige Lektorierung.

Und ich bedanke mich auch sehr herzlich bei Ihnen, meinen Lesern, weil Sie den Mut gefunden haben, sich gegenüber einem neuen Thema zu öffnen.

Claus Lampert

Inhaltsverzeichnis

Psychologische Erkenntnisgewinnung

1

■   **Übung 1**

Bevor Sie mit ► Abschnitt 1.1 beginnen, möchte ich Sie bitten, über folgende drei Fragen nachzudenken:

1. Was hat Psychologie mit meinem Beruf zu tun?
2. Was weiß ich über Hotel- und Barpsychologie, was stelle ich mir darunter vor?
3. Was interessiert mich an Hotel- und Barpsychologie?

Bitte notieren Sie sich Ihre Antworten auf die drei Fragen. In der letzten Übung werde ich noch einmal darauf zurückkommen. Und nun heiße ich Sie in der Welt der Hotel- und Barpsychologie herzlichst Willkommen!

1.1   Alltagspsychologie versus wissenschaftlich fundierte Psychologie

Sicher stimmen Sie mit mir darin überein, dass wir alle ständig psychologische Phänomene erzeugen, erleben und auf die der anderen reagieren. Fokussieren wir nun unsere Wahrnehmung mehr und mehr auf das Hotel und die Gastronomie, so können wir beobachten, dass wir ständig das Verhalten unserer Gäste beobachten, analysieren und subjektiv unsere Schlüsse daraus ziehen. Somit könnten wir annehmen, dass wir alle im weitesten Sinne Psychologen sind, was in gewisser Weise auch stimmt. Um jedoch nicht alleine auf den Glauben oder die willkürliche Meinung angewiesen zu sein, möchte ich Ihnen zuerst einige Unterschiede zwischen der sogenannten alltäglichen »Laienpsychologie« und der wissenschaftlich fundierten Psychologie gegenüber stellen.

Die Alltagspsychologie beruht auf
- Intuition (Ich spüre, diesem Typ Gast kann man nicht trauen, ob er seine Rechnung bezahlt oder einen Bademantel klauen wird.)
- Spekulation (Ich glaube, dass das Essen so komisch schmeckt, weil unser Koch Probleme mit seiner Frau hat.)
- Tradition (Die Lehrlinge haben schon immer die Kartoffeln geschält.)
- naiver Psychologie (Je mehr Störche es gibt, umso mehr Kinder werden geboren.)
- Einzelerfahrungen (Das war bei mir auch so.)
- magischem Denken (Ich muss nur fest daran glauben, dann wird sich das Glas schon bewegen.)
- Hörensagen (Dimitri meint auch, die Frauen aus seiner Heimat seien prinzipiell netter.)
- Mythen (Frauen parken schlechter ein als Männer.)
- Sprichwörtern (Eine Frau kann 100 Männer täuschen, aber keine einzige Frau.)
- Laienwissen (Menschen mit Bärten sind prinzipiell schwierige Menschen.)

Nach einer Definition von Lauken (1974) dient die Alltagspsychologie einer zufriedenstellenden Orientierung des einzelnen in der sozialen Umwelt. Dabei ist es weniger entscheidend, ob die Annahmen, Urteile und Handlungen sachlich und wissenschaftlich haltbar sind. Nach Hofstätter (1990) ist es wesentlich, dass persönliche Theorien dem einzelnen erlauben, das Sozialverhalten seiner Mitmenschen zu verstehen, sich darauf einzustellen und somit komplikationsloser zu leben.

◨ **Abb. 1.1** Wissenschaftliches Denken (© Getty Images/iStockphoto/Thinkstock.com)

Die wissenschaftliche Psychologie beruht auf
— kritischer Erfahrung (Wie komme ich überhaupt dazu anzunehmen, dass dieser Gast
  Sorgen hat?)
— Vernunft (Ist es vernünftig anzunehmen, ich wisse es?)
— systematischer Beobachtung (Will ich Sorgen beobachten, muss ich vorher definieren was
  Sorgen sind und was genau beobachtet werden soll.)
— empirischer Vorgehensweise (Systematische Untersuchung des Auftretens von Sorge
  unter Gästen → experimentelle Datengewinnung.)
— experimenteller Kontrolle (Die Einflussbedingungen werden kontrolliert, damit auch gemessen wird, was man tatsächlich messen möchte. Man muss zum Beispiel darauf achten,
  dass der Gast nicht zufällig von seiner Frau angerufen wird, weil dies das aktuelle Empfinden
  seiner Sorgen verändern könnte. Auch Alkohol könnte sein Sorgenempfinden verändern etc.
  Danach folgt die Datenanalyse und die anschließende statistische Prüfung der Daten.)
— öffentlicher Zugänglichkeit (Die Daten aus wissenschaftlichen Experimenten müssen für
  jeden öffentlich zugänglich sein, auch wenn es problematische Ergebnisse sind.)
— Wiederholbarkeit (Die Ergebnisse aus einem Experiment müssen jederzeit unter gleichen
  Bedingungen wieder zu den gleichen Ergebnissen führen.)

Beim Zitieren von wissenschaftlichen Texten ist es üblich, dass in Klammern der Name des
Autors und das Erscheinungsjahr angegeben werden (z.B. Lauken 1974). Im Literaturverzeich-
nis weise ich dann ausführlich auf die entsprechende Literatur von Lauken hin.

Ich beziehe mich in meinen Ausführungen immer wieder auf Untersuchungsergebnisse
anderer Autoren, so dass ich belegen kann, wie ich zu meinen Aussagen komme. Ich selbst habe
nichts untersucht oder erforscht, sondern vermittle Erkenntnisse, die Wissenschaftler weltweit
in Ihren Untersuchungen herausgefunden haben. Diese Aussagen sind solange gültig, bis sie
durch andere Untersuchungen widerlegt werden.

Lesen Sie sich die Unterschiede zwischen Laienpsychologie und wissenschaftlicher Psychologie ruhig mehrmals durch, so dass sie Ihnen wirklich klar sind. Nur so können Sie lernen, die
Aussagen anderer bezüglich ihrer Wissenschaftlichkeit wirklich zu prüfen (◨ Abb. 1.1).

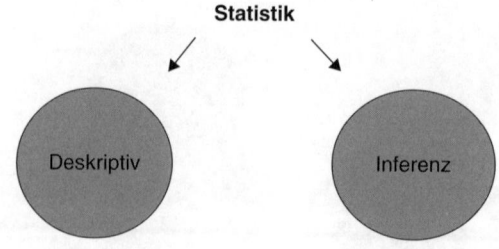

Abb. 1.2 Statistik (© Lampert)

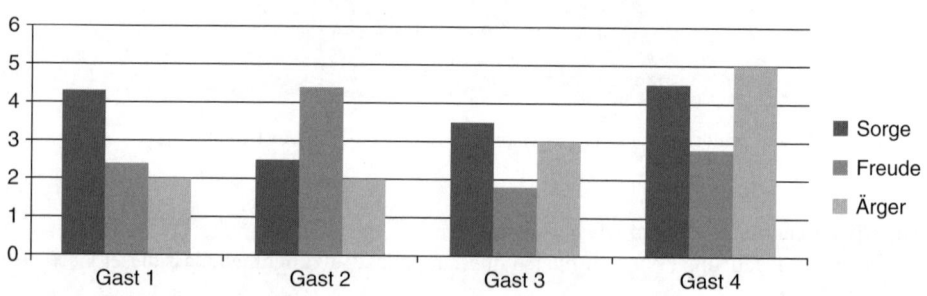

Abb. 1.3 Emotionsunterschiede (© Lampert)

1.2   Psychologische Statistik

Um psychologisch fundierte Aussagen treffen zu können, werden die Daten aus einer Untersuchung oder einem Experiment anschließend statistisch ausgewertet und geprüft. Die statistischen Ergebnisse und Aussagen beruhen immer auf Wahrscheinlichkeitsaussagen. In der Regel haben psychologische Ergebnisse eine 95-prozentige oder 99-prozentige Wahrscheinlichkeit, je nachdem, wie genau man die Ergebnisse haben möchte.

In der Statistik unterscheidet man die Deskriptivstatistik von der Inferenzstatistik (**Abb. 1.2**), die beide auf quantitativ erhobene Daten, die auf Beobachtungen beziehungsweise Messungen beruhen, angewendet werden.

Als **Deskriptivstatistik** bezeichnet man statistische Methoden zur Beschreibung von Daten in Form von Graphiken, Tabellen oder einzelnen Kennwerten (z.B. Mittelwert, Standardabweichung, Varianz).

Abbildung 1.3 zeigt die Ergebnisse einer Fragebogenerhebung an vier Gästen mit drei verschiedenen Emotionen, an drei Tagen. Die jeweilige Intensität der Emotion sollten die Gäste auf einer Skala von 0–6 einschätzen.

Die **Inferenzstatistik** befasst sich mit der Überprüfung von Hypothesen. Es wird geprüft, ob die Ergebnisse zufällig entstanden sind oder nicht zufällig und somit bedeutend (signifikant) sind.

❏ **Abb. 1.4** Trinkgeldschulung (© iStockphoto/Thinkstock)

Beispiel:
Nach einer Trinkgeldschulung haben Sie durchschnittlich anstatt 50 €uro → 60 €uro. Hierbei wäre von entscheidender Bedeutung, ob Sie die 10 €uro zufällig mehr haben, oder ob das erhöhte Trinkgeld aller Wahrscheinlichkeit nach (zu 95 Prozent oder zu 99 Prozent) auf die Trinkgeldschulung zurückzuführen ist.

Das Experiment

Ein Experiment ist dazu geeignet, ursächliche (kausale) Zusammenhänge zu prüfen. Hierbei kann der Versuchsleiter die Untersuchungsbedingungen kontrollieren und die Ergebnisse genau untersuchen. Als Beispiel für ein Experiment soll eine Trinkgeldschulung (❏ Abb. 1.4) dargestellt werden.

1. 50 Kellner werden zufällig auf 2 Gruppen, A und B, verteilt.
2. Jeder Kellner soll nun 20 Tage lang sein tägliches Trinkgeld notieren und dann den Mittelwert berechnen (Trinkgeld : 20).
3. Dann wird in Gruppe A ein Training durchgeführt und Gruppe B macht ohne Training weiter.
4. Danach sollen wieder alle Kellner 20 Tage lang ihr Trinkgeld notieren und abermals den Mittelwert bestimmen.
5. Anschließend wird geprüft, ob sich die Mittelwerte der Gruppe A von den Mittelwerten der Gruppe B so stark (signifikant) unterscheiden, dass dies mit einer Wahrscheinlichkeit von 95 Prozent (oder sogar 99 Prozent) auf die Schulung zurückgeführt werden kann.

In unserem Alltag kommen wir oft sehr schnell zu einer Einschätzung und es »kräht dann kein Hahn danach«, ob es überhaupt stimmt, was wir so an »Weisheiten« von uns geben. Manchmal bedarf es nur einer vernünftig wirkenden Erklärung oder einer Autorität, die etwas vertritt, und wir übernehmen ungeprüft eine Meinung. Fakt ist aber auch, dass spekulatives Denken und wissenschaftliches Denken miteinander vereinbar sind. Nicht selten ist ein von der Intuition geleitetes und höchst spekulatives Denken der eigentliche Ausgangspunkt wissenschaftlichen Fortschritts (Sarris 1990).

In diesem Kapitel habe ich Ihnen aufgezeigt, wie menschliches Verhalten untersucht wird und wie Aussagen darüber getroffen werden. Alltagsdenken unterscheidet sich von wissenschaftlichem Denken und Forschung ist, im Gegensatz zu Alltagsaussagen, oft mit einem großen Aufwand verbunden, um der Beantwortung einer Frage näher zu kommen. Wissenschaftliche Ergebnisse beruhen auf Wahrscheinlichkeitsaussagen und sind verlässlicher als Spekulation, Intuition, Mythen oder die Meinung von Autoritäten.

Allgemeine Hotel- und Barpsychologie

2

2.1   Wahrnehmung

2.1.1   Einführung

Können Sie sich eine Welt oder Ihre eigene Existenz ohne Wahrnehmung vorstellen? Woher sollten wir ohne unsere Sinne wissen, dass es eine Welt, andere Menschen oder uns selbst gibt? Um das menschliche Wesen Ihrer Gäste besser verstehen zu können, müssen wir uns damit beschäftigen, »wie« wir die Welt wahrnehmen.

Das zentrale Organ unserer Wahrnehmung ist unser Gehirn. Hier spielt sich letztlich alles ab, was uns als menschliche Wesen ausmacht. Um Informationen aus der Umwelt, aber auch aus unserem Körperinneren, aufzunehmen, braucht das Gehirn unterschiedliche Sensoren. Als Bartender sind wir mit all diesen Sensoren, sowohl mit unseren eigenen als auch mit denen unserer Gäste, in ständigem Kontakt. Ich möchte Ihnen nun die Sensoren vorstellen, die unser Gehirn kontinuierlich mit Informationen versorgen. Beim gesunden Menschen funktionieren alle Sensoren einwandfrei und liefern ein »realitätsgerechtes« Abbild unserer Umgebung, wobei wir wie selbstverständlich davon ausgehen, dass auch alle anderen Menschen die Welt genauso oder ähnlich wie wir selbst wahrnehmen.

Unsere visuelle Wahrnehmung läuft folgendermaßen ab: Die Reflexion des Lichtes auf einen äußeren Reiz (z.B. ein Objekt aus der Umwelt) trifft auf einen Sensor (z.B. die Netzhaut im Auge), von wo aus der Reiz weiter zum Gehirn geleitet wird (äußerer Reiz → Sinnesorgan → Gehirn).

Im Gehirn finden schließlich die Verarbeitung und die Interpretation des wahrgenommenen Reizes statt. Wahrnehmung ist ein komplexes Geschehen, an dem verschiedene Faktoren beteiligt sind: ein Außenreiz, die Sinnesorgane, die Verarbeitung und letztlich die Interpretation des Reizes im Gehirn.

Wahrnehmung ist immer abhängig von den Sinnesrezeptoren. So ist es auch vorstellbar, dass Phänomene außerhalb unserer Wahrnehmung existieren, für deren Wahrnehmung wir keine Rezeptoren haben und die wir deshalb auch nicht wahrnehmen können. Dennoch haben wir mittlerweile technische Apparaturen wie Radar, Röntgen, Computertomographie und andere Hilfsmittel entwickelt, um Dinge sichtbar zu machen, die unser Auge sonst nicht sehen könnte und um deren Existenz wir sonst nicht wüssten.

Beispiel:
Versalzen ist noch lange nicht für jeden versalzen. Ein Liter Suppe mit 20 Gramm Salz kann für Gast A zu wenig und für Gast B zu viel Salz sein. Aber woran liegt es, dass es für den einen zu wenig und für den anderen zu viel Salz ist? Dies liegt sowohl an der objektiven Reizstärke, der Aufnahme und Weiterleitung im Sinnesorgan als auch an der Verarbeitung und Interpretation des Reizes im Gehirn.

ⓘ Merke!
Wahrnehmung ist subjektiv und wird vom Gehirn moduliert. Alle Sinne bedürfen einer bestimmten Stärke an Stimulierung bis ein Reiz bewusst wahrgenommen werden kann. Wenn ein Reiz zu schwach ist, um wahrgenommen zu werden, können wir ihn durch schnelle Reizwiederholung verstärken (s. ▶ Kap. 2.1.4).

In diesem Zusammenhang möchte ich die Begriffe der Reizschwelle und der Unterschiedsschwelle näher erläutern. Als **Reizschwelle** bezeichnet man zum Beispiel die geringste Menge an Salz, die bei 50 Prozent aller Menschen eine Salzempfindung hervorruft. Eine **Unterschiedsschwelle** ist hingegen die kleinste Differenz von Reizen, die von 50 Prozent der Menschen als Unterschied wahrgenommen wird, zum Beispiel beim Nachwürzen von Salz. Man könnte sich auch fragen, wie viel Zitronenlimonade müsste ich in ein Bier hinzugeben, damit es vom Gast als »Radler« erkannt wird?

Unterschwellig (subliminal) sind Reize, die zwar da sind und wahrgenommen werden, die jedoch so schwach sind, dass wir sie noch nicht bewusst wahrnehmen können. Dennoch haben auch unterschwellige Reize eine Wirkung auf uns und beeinflussen unsere Wahrnehmung und unsere Entscheidungen.

So konnte in einer Studie (Karremans, Stroebe, Claus 2006) nachgewiesen werden, dass die unterschwellige Darbietung des Markennamens eines Eistees dazu führte, dass mehr Versuchspersonen dieses Getränk gegenüber Mineralwasser bevorzugten. Diese Botschaft zeigte aber nur Wirkung, wenn die Versuchspersonen durstig waren, ansonsten hatte sie keine Wirkung. Dies bedeutet, dass die Einblendung unterschwelliger Stimuli nur dann wirkt, wenn Bedürfnisse vorhanden sind.

▪ **Übung 2**
Um Ihre Reizschwelle kennenzulernen, können Sie ein Glas Wasser nehmen und langsam ein paar Körnchen Salz hineingeben bis Sie das Salz schmecken. Solange Sie Salz hineingeben und noch nichts schmecken, spricht man von »unterschwellig«. Eine Unterschiedsschwelle ist dann gegeben, wenn sie langsam weiter etwas Salz hinzugeben, bis Sie einen erneuten und stärkeren Unterschied wahrnehmen.

2.1.2 Sehen

Das Auge hat mit circa 70 Prozent den größten Anteil am Wahrnehmungsprozess. Riechen, Hören, Schmecken und die Hautrezeptoren teilen sich die restlichen circa 30 Prozent (◨ Abb. 2.1).

Die Sehzellen (Stäbchen und Zapfen) des Auges reagieren auf eine Wellenlänge von circa 380–760 Nanometer, was wir als Licht wahrnehmen. Hierdurch wird es uns möglich, Architektur, Räumlichkeit, Formen und Farben zu erkennen. Das Hotel, die Lobby, die Zimmer, die Bar, die Mitarbeiter etc. bilden sich in unserem Gehirn ab und werden interpretiert, worauf wiederum eine Reaktion erfolgt. Wahrnehmung ist somit ein fortlaufender Prozess.

Ist ein Reiz zu monoton, dann kommt es zur vorübergehenden Sättigung der Rezeptoren. Durch ein »zu viel« entsteht Verwirrung, Chaos oder Abstumpfung. In bestimmten gastronomischen Betrieben, wie Clubs und Diskotheken, ist dieser Effekt aber durchaus erwünscht. Um menschliche Sinnesorgane und Gehirne zu stimulieren und Emotionen gezielt zu fördern, werden deshalb gezielte Lichteffekte, wie das Stroboskop oder der Laser, eingesetzt. Ganze »Rotlichtviertel« sind in rotes Licht getaucht, um die sexuelle Erregung zu fördern. Oder es werden Schwarzlichtbirnen eingesetzt, um weiße Kleidung und Zähne zu reflektieren. Banken erscheinen oft in einem kühlen Blau oder Grün, und Burgruinen erscheinen oft gelb und braun, mit viel Schatten. Alles soll dazu beitragen, Menschen zu beeindrucken, je nach Zielwirkung.

Die Wahrnehmungsbildung über unsere Augen kann man kaum überschätzen. So betrachten Gäste ständig ihre Umgebung, Personen, deren Bewegung und Kleidung, Gläser, Frisuren,

2

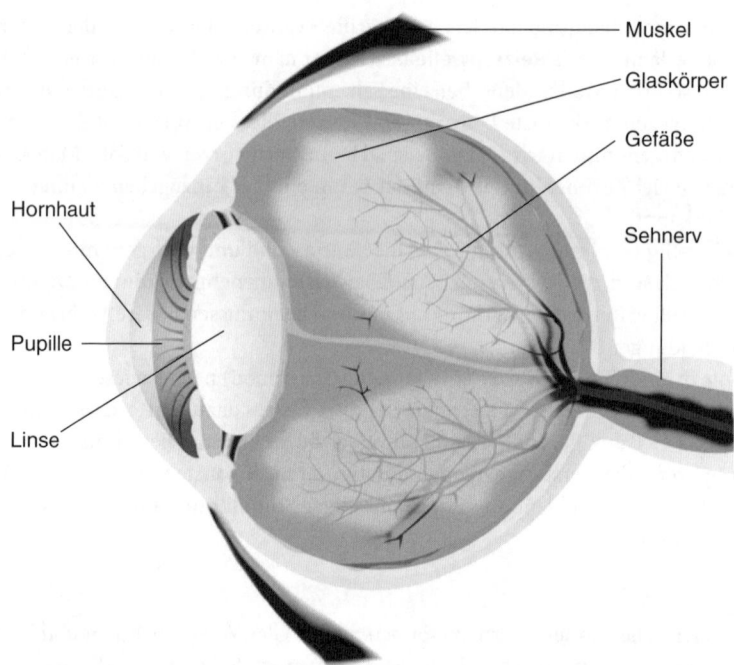

Muskel

Glaskörper

Gefäße

Hornhaut

Sehnerv

Pupille

Linse

◘ **Abb. 2.1** Die Augen als Sensoren des Gehirns, mit Gefäßen und Nervenverlauf (© Matthew Cole/Fotolia.com)

Flaschen, Tischdekorationen Bestecke, Räume etc.. Um Räume beispielsweise höher wirken zu lassen, sollten Wände und Decken eher hell gestrichen werden, wie eine Studie von Oberfeld (2010) ergab. Die Farbe des Fußbodens spiele dagegen keine Rolle. Blau beruhige und fördere die Kreativität, während Rot die Aufmerksamkeit auf Details steigere (Mehta & Zhu 2009). Rote Kleidung fördere des Weiteren die Attraktivität von beiden Geschlechtern (Elliot & Niesta 2008).

In der Cocktail-Party-Studie untersuchte eine Gruppe von Innenarchitekten, Architekten und Wissenschaftlern die Wirkung von Wandfarben auf Partygäste. Sie bauten in ihrem Experiment Bars nach und strichen deren Wände rot, blau oder gelb an. Dann luden sie Partygäste ein und fanden heraus, dass mehr Besucher das rote und gelbe Zimmer aufsuchten, sich in diesen Zimmern mehr bewegten und häufiger kommunizierten. Im blauen Zimmer fühlten sich die Gäste hingegen wohler und blieben länger als die Gäste im roten und gelben Raum. Interessant für die Gastronomie könnte hierbei sein, dass die Gäste im gelben Zimmer doppelt so viel gegessen und getrunken hatten wie die Gäste im roten und im blauen Raum (Mai & Rettig 2011).

ⓘ **Merke!**
Insbesondere das Licht ist eine wichtige Orientierungshilfe für uns Menschen, weshalb es auch ausreichend vorhanden sein sollte. Manche Gäste haben schlechte Augen, weshalb Sie Ihnen gut lesbare Buchstaben und Schriftformen danken werden. Licht dient dazu zu sehen, »wen« und »was« man vor sich hat oder ganz banal dazu, um die Speise- oder Getränkekarte gut lesen zu können.

◘ Abb. 2.2 Optische Täuschung (© Getty Images/Hemera/Thinkstock.com)

▪ **Übung 3**

Ich möchte Sie bitten zu überlegen, welche Möglichkeiten der Sehbeeinflussung Sie an Ihrem Arbeitsplatz nutzen und ggf. zum Besseren verändern können?

1) ....

2) ....

3) ....

Wenn es Wahrnehmung gibt, dann gibt es auch Wahrnehmungsverzerrung und **Wahrnehmungstäuschung**.

▪ **Übung 4**

Bevor sie die Erklärung lesen, betrachten Sie sich bitte das Bild (◘ Abb. 2.2) für etwa 30 Sekunden und achten darauf, was Ihnen auffällt.

Beim Betrachten des Bildes entsteht der Eindruck, dass das Bild pulsiert und sich bewegt, und dass die Aufmerksamkeit zur Mitte hingezogen wird. In Wirklichkeit wird dieser Bewegungseindruck von unserem Auge und unserem Gehirn erzeugt. Wahrnehmungstäuschungen zeigen uns die aktive Rolle des Gehirns bei der Strukturierung unseres Bildes von der Welt.

Ein anderes Phänomen sind die sogenannten Kippbilder, die eine mehrdeutige Interpretation zulassen. In ◘ Abb. 2.3 sehen Sie entweder einen Kelch oder zwei Gesichter, je nachdem, was Figur oder Hintergrund ist.

2

◘ **Abb. 2.3** Kelch oder Gesichter? (© Alexander Briel Perez/iStockphoto)

◘ **Abb. 2.4** Necker-Würfel (© Janne Ahvo/Getty Images/iStockphoto/Thinkstock.com)

◘ Abb. 2.4 zeigt den Necker-Würfel. In der Regel kann der Betrachter sich willentlich entscheiden, welche Ecke er vorne beziehungsweise hinten sehen möchte. Dennoch kippt das Bild zwischen beidem hin und her.

Auch die uns umgebenden Personen wirken und beeinflussen unsere Wahrnehmung. Im Rahmen der Gleichbehandlung, und um Vorurteilen entgegenzuwirken, sollten Sie deshalb ihre **soziale Wahrnehmung** trainieren und auf Kontexteffekte achten. Hierzu das folgende Beispiel:

In einem Experiment von Darley & Gross (1983) wurden zwei Gruppen unterschiedliche Informationen zu einem 9-jährigen Mädchen (little Hannah) gegeben. Die eine Gruppe erhielt die Information, dass Hannah aus wohlhabenden Verhältnissen stamme und der anderen Gruppe wurde erzählt, sie stamme aus ärmlichen Verhältnissen. Dann wurde beiden Gruppen ein Video von Hannah gezeigt. Anschließend sollten die Versuchspersonen die intellektuelle Leistungsfähigkeit des Kindes einschätzen. Was glauben Sie, in welcher Gruppe wurde das Mädchen als intelligenter beziehungsweise als dümmer eingeschätzt?

Der vermeintliche soziale Status beeinflusste tatsächlich die Einschätzung der Intelligenz. Und so wurde das Mädchen aus vermeintlich wohlhabenderen Verhältnissen als intelligenter eingeschätzt als das vermeintlich ärmere Kind.

So könnte auch ein Gast, der das Hotel oder Lokal mit einer Plastiktüte betritt, schnell als »mittellos« eingeschätzt werden im Gegensatz zu einem Gast, der mit pompösem Gepäck anreist. Ebenso werden Brillenträger, aufgrund ihrer Sehhilfe als tendenziell klüger eingeschätzt (s. ▶ Kap. 5.5.1).

ⓘ Merke!
Kontexteffekte treten mehr oder weniger immer auf und beeinflussen unsere Wahrnehmung von anderen.

2.1.3 Hören

Ist es nicht für die meisten von uns selbstverständlich zu hören? Aber auch hör- und sehebehinderte Menschen sind unsere Gäste, die ebenso wie blinde Menschen auf unsere besondere Unterstützung angewiesen sind. Stellen Sie sich für einen kurzen Moment eine Welt vor, in der Musik, Geräusche oder das Rauschen des Windes fehlen. Da Sprache und Gehör in der Gastronomie enorm wichtig sind, möchte ich Ihnen dazu im Folgenden einen kurzen Überblick geben. Denn insbesondere Störungen des Gehörs können zu Arbeitsfehlern und unnötigem Stress führen.

Hören können wir in einem Frequenzbereich von circa 20–20.000 Hertz. Eine Frequenz, die geringer als 20 Hertz ist, können wir nicht mehr hören. Diese wird dann als Vibration empfunden. Hierfür hat unser Gehirn spezielle Rezeptoren entwickelt.

Die Schwingungen des Schalls gehen durch den Gehörgang zum Trommelfell. Dort wird der Schall mechanisch auf die Gehörknöchelchen im Mittelohr übertragen, bevor diese dann das Innenohr stimulieren. Im Innenohr befindet sich die Endolymphe in der Schnecke, eine Flüssigkeit, die kleinste Corti-Zellen stimuliert. Von hier aus werden Nervenimpulse an das Hörzentrum im Gehirn geleitet, in dem schließlich das bewusste Hören möglich wird. Nicht alle Geräusche, die das Ohr aufnimmt, werden auch bewusst hörbar. Hierbei spielt u.a. die sogenannte selektive Wahrnehmung eine wichtige Rolle. ◘ Abb. 2.5 zeigt den Aufbau des Ohrs.

Sicher kennen sie alle den sogenannten Partyeffekt, der als Beispiel für die **selektive Wahrnehmung** angeführt werden kann. Stellen Sie sich vor, Sie sind auf einer Party in eine Unterhaltung mit ihrem Gegenüber vertieft. Neben Ihnen unterhalten sich andere Personen. Plötzlich sagen diese etwas, das für Sie persönlich von hoher Priorität ist, zum Beispiel Ihren Namen. Dies führt in aller Regel dazu, dass Sie auf einmal Ihren Kopf drehen und dieser Gruppe zuhören. Ihre Wahrnehmung schien zwar die ganze Zeit auf Ihr Gegenüber gerichtet gewesen zu sein, doch das Ohr empfing alles in Ihrer Umgebung, auch wenn Sie es nicht bewusst wahrgenom-

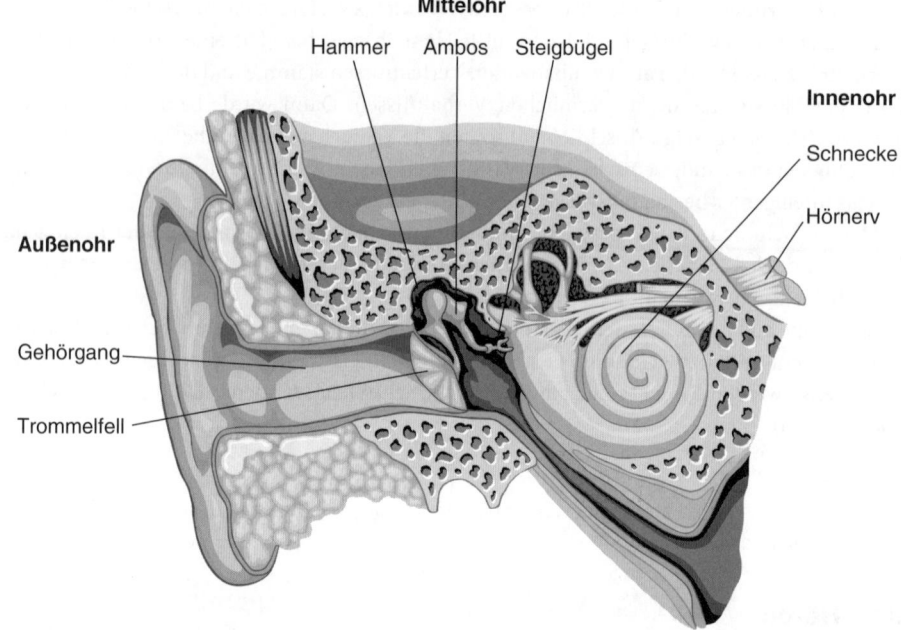

Mittelohr

Hammer   Ambos   Steigbügel

Innenohr

Schnecke

Hörnerv

Außenohr

Gehörgang

Trommelfell

◘ **Abb. 2.5** Außen-, Mittel- und Innenohr (© Oguz Aral/Shutterstock)

men haben. Bestimmte Teile unseres Gehirns sind jedoch mit der Selektion des Wahrgenommenen beschäftigt und bestimmen die Priorität unserer Aufmerksamkeitslenkung. So sei in einer Untersuchung von 300 Discobesuchern aufgefallen, dass diese sich in 72 Prozent der Fälle über das rechte Ohr, welches in der linken Gehirnhälfte repräsentiert wird, angesprochen haben. Vermutet wird, dass die linke Gehirnhälfte »Aufforderungen« besser verarbeiten kann (Mai & Rettig 2011, S. 36).

Sicher ist jedoch, dass Sprache ohne Gehör in der Bar für die meisten Menschen sinnlos wäre. Wir könnten keine Bestellung aufnehmen, Flirten wäre undenkbar, Reklamationen müssten schriftlich eingereicht werden, und es wäre nicht möglich, Atmosphäre über Musik zu erzeugen. Musikgeräte transformieren digitale Signale in Schwingungen, die dann auf unserem »akustischen Frequenzband« zu hören sind. Mit unserem Gehör unterscheiden wir Lautstärke, Tonhöhe und Klangfarbe. Wir hören, ob uns eine Person wohlgesonnen, ablehnend oder verführerisch begegnet und ob sie uns angenehm oder unangenehm ist. Können Sie sich den Besuch einer Diskothek oder eines Clubs ohne Musik vorstellen? Auf was sollte man tanzen? Es ginge wohl keiner hin.

Mir fällt auch kein Ort ohne Musik ein, an dem sich Menschen nachts in großen »Horden« freiwillig treffen. Musik belebt, fördert Stimmungen, überdeckt Gefühle, lenkt ab, strukturiert die Zeit, schafft Gemeinsamkeitsgefühl oder Abneigung, dient als Wunscherfüllung, markiert Beginn und Ende und signalisiert die Zugehörigkeit zu einer bestimmten Gruppe.

Musik aktiviert Assoziationen, Gefühle und Erinnerungen, beruhigt, führt in Trance und ist Medium des Ausdrucks für den, der sie erzeugt.

Wer eine Bar betreibt, der kommt nicht ohne Musik aus, egal ob klassische Bar mit dem Mann am Piano, Szene-Bar mit Bass and Drum, Jazz oder Frank Sinatra. Livebands zum Anfassen betonen die Echtheit und je nach Band den gewünschten Stil der »Location«. Sie erhöhen die Besucherzahl und schaffen ein Gefühl, für den Moment im Hier und Jetzt zu weilen.

Musik in der Gastronomie ist ein wichtiger Zugang, um sich wohl zu fühlen und entspannen zu können. Ein um Mitternacht etwas lauter gespieltes »Happy Birthday« fördert sicherlich die Stimmung. Und ein Feierabendjingle ist sicher ein taugliches Signal, um Gästen auch ohne Worte zu sagen: »Leute, das war es für heute.«

Zu laute Musik kann aufdringlich wirken, während man zu leise Musik auch weglassen könnte. Welche Musik, wann und wie laut, ist immer abhängig vom jeweiligen Einfühlungsvermögen des Bartenders. Deshalb ist eine passende Musikauswahl, ein genaues Wahrnehmen der jeweiligen Atmosphäre und ein dementsprechendes Nachregulieren von Vorteil.

> **ⓘ Merke!**
> Je lauter die Musik, umso lauter werden die Gäste. Würde man laute Musik plötzlich abschalten, dann würde man sofort hören, dass sich die Gäste regelrecht anschreien. Wollen Sie schreiende Gäste um sich herum? Bedenken Sie, dass Sie Ihren Beruf vielleicht auch noch in zehn Jahren mit Freude und einem gesunden Gehör ausüben wollen. Zu hohe Lautstärke bedeutet Stress für den Organismus und führt zu Konzentrations- und Kommunikationsproblemen, Informationsverlusten, zu einer schnelleren Ermüdung und langfristig zu irreversiblen Hörschäden. Weitere Informationen hierzu finden Sie über die Deutsche Gesellschaft für Musikpsychologie e.V.

2.1.4 Riechen

Neben dem Sehen und dem Hören ist in der Gastronomie wohl kaum eine Wahrnehmung von derart großer Bedeutung wie das Riechen.

Wie Sie mittlerweile wissen, sind Wahrnehmungsprozesse und psychologische Phänomene immer an organische Substrate gebunden. Das bedeutet, dass ohne Rezeptoren und Gehirn kein Empfindungserleben möglich ist. Die Geruchswahrnehmung ist an Riechzellen in der Nasenschleimhaut und deren Signalweiterleitung zu den Riechfeldern im Gehirn (z.B. zum Hypothalamus) gebunden. ◘ Abb. 2.6 zeigt den Aufbau der Nase.

Im Folgenden möchte ich Ihnen, und besonders den biologisch interessierten Lesern, den Signalweg eines Duftmoleküls bis hin zur Wahrnehmung etwas genauer beschreiben. Ich möchte es Ihnen deshalb ausführlicher erklären, damit Sie eine Vorstellung davon bekommen, wie komplex unsere Wahrnehmung funktioniert und von wie vielen Faktoren Wahrnehmung und deren Bewertung abhängt.

Im Durchschnitt machen wir circa 23.000 Atemzüge pro Tag. Beim normalen Atmen nehmen wir ungefähr 2 Prozent der Duftmoleküle in uns auf und eher unbewusst wahr. Durch das bewusste »Schnüffeln« kann man dies jedoch bis auf circa 20 Prozent steigern, so zum Beispiel, um die sogenannte Blume des Weines zu erkennen (◘ Abb. 2.7).

Duftmoleküle sind die kleinsten Teilchen chemischer Substanzen. Zum Riechen haben wir circa 30 Millionen Riechzellen auf unserer Nasenschleimhaut, mit einer Lebensdauer von circa 1–2 Monaten (Zeit bis zur Erneuerung der Schleimhaut). Wir können circa 1.000 unterschiedliche Duftgruppen unterscheiden. Pro Duftgruppe stehen uns circa 30.000 Riechzellen zur Verfügung. Von der Nase ziehen Nervenbahnen zum Hypothalamus im Gehirn. Hier werden vegetative Reaktionen, Hunger/Sättigung und hormonelle Prozesse gesteuert.

2

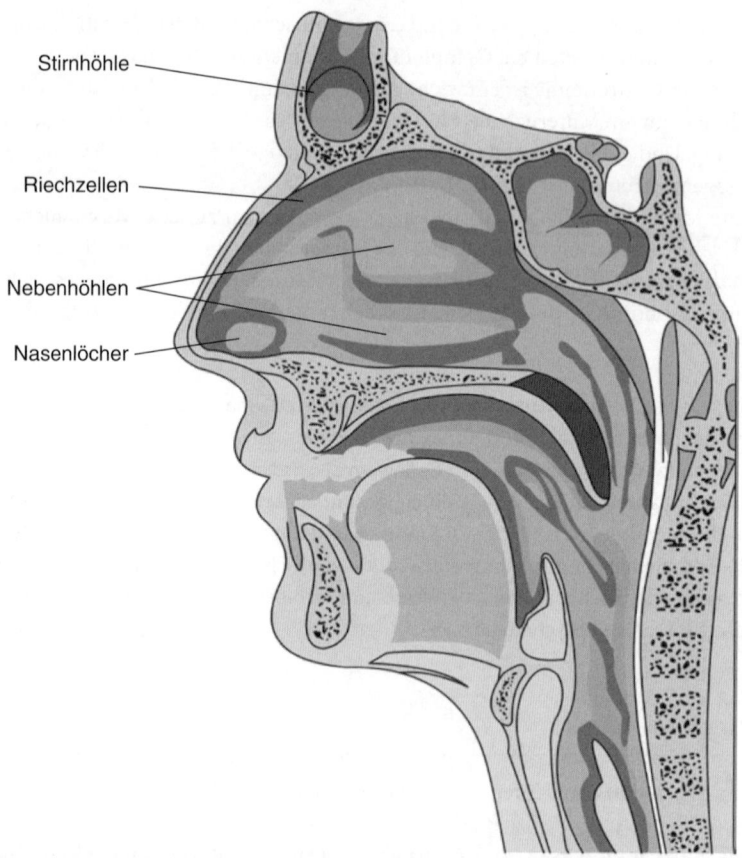

Stirnhöhle

Riechzellen

Nebenhöhlen

Nasenlöcher

❏ **Abb. 2.6** Nase mit Nasennebenhöhlen (turhanerbas7/Fotolia.com)

❏ **Abb. 2.7** Riechen der »Blume«, Frucht und Reife (© Siri Stafford/Thinkstock/Lifesize)

Obwohl über das Riechen Erinnerungen und stärkste Emotionen ausgelöst werden können, wird die Bedeutung des Riechvermögens häufig unterschätzt. Schlechte Gerüche sind ein Warnzeichen und führen bei uns und auch beim Gast zu Ablehnung und Distanz. Dies geht soweit, dass Menschen über andere auch sagen: »Den oder die kann ich riechen oder eben auch nicht riechen.«

Physiologisch bedingt regen angenehme Gerüche die Produktion von Magensaft und Speichel an, zum Beispiel der Duft von Kaffee oder von Essen. Der Prozess verläuft folgendermaßen:

Riechen und/oder Sehen → Vorstellung → Handlungsvorbereitung → Nahrungsaufnahme.

Zu den Primärdüften zählt Amoore (1970): blumig, ätherisch, moschusartig, kampferartig, faulig, stechend und minzig. Diese Vorstellung ist jedoch veraltet und spielt heute kaum noch eine Rolle. Von der Parfumindustrie werden circa 150 Düfte verwendet. Unbewusst und geschlechtsspezifisch wirken die sexuell stimulierenden Duftstoffe, die sogenannten Pheromone. Sie sollen aufgrund eines zweiten Riechorgans, dem sogenannten Vomeronasalorgan, ihre Wirkung entfalten. Wahrscheinlich wird aber deren Wirkung zugunsten der Einbildung der duftenden Person überschätzt. Immer wieder heftig und äußerst emotional diskutiert werden Raucher und rauchfreie Zonen beziehungsweise das Thema einer rauchfreien Gastronomie. Wie konfliktbehaftet dieses Thema ist, konnte man in den letzten Jahren beobachten. Regierungsbeschlüsse wurden gefasst und wieder aufgehoben, in bestimmten öffentlichen Bereichen wurde das Rauchen ganz verboten und in anderen ist es erlaubt. Ich möchte mich an dieser Stelle nicht dazu äußern, weil bei diesem Thema tieferliegende Bedürfnisschichten eine Rolle zu spielen scheinen. Rauchen kann man eben nicht so einfach aufgeben, leider?! Aber ein Rauchverbot alleine hilft keinem Betroffenen dabei, seine Lust danach beziehungsweise sein Laster loszuwerden. So rechtfertigen Raucher ihr Tun oft mit Aussagen wie »Ich genieße es!«, was ja auch zutreffen kann und das schlechte Gewissen verringert.

ⓘ Merke!
Menschen meiden nicht nur Menschen, sondern auch Orte, die sie nicht riechen können. Aufgrund dieser Tatsache haben sich mittlerweile ganze Firmenzweige gebildet, die mit den passenden Düften in Hotels, Bars und Clubs beschäftigt sind. Der Geruch von Menschen und von Orten hat einen hohen Wiedererkennungswert und bildet, wie ein visuelles Markenzeichen, ein »Geruchslabel«, an dem ich erkenne, wo(ran) ich bin.

▪ Übung 5
Um das Riechen in der Gastronomie näher zu beleuchten und in Ihren Berufsalltag mit einzubeziehen, könnten Sie sich beispielsweise fragen:
1. Welche Gerüche (z.B. Rauch, Schweiß, Küchengeruch, Toilettengeruch) sollten reduziert oder ganz vermieden werden?
2. Ist genügend Frischluft vorhanden? (Deshalb sollte auf eine ausreichende Frischluftzufuhr schon bei der Planung geachtet werden.)
3. Könnte es sein, dass bestimmte Gäste wegen des Geruchs wegbleiben?
4. Wie können Sie auf derartige Probleme reagieren und was können Sie ggf. verbessern?

2

2.1.5 Schmecken

Wohlschmeckende Getränke und Speisen sind neben der Beherbergung im Zimmer die wesentlichen Gründe, weshalb Gäste ein Hotel oder Restaurant aufsuchen. Auch die Geschmackswahrnehmung ist von den Nerven- und Gehirnfunktionen abhängig und bildet ein psychologisches Erleben. Deshalb ist es wichtig, im Kapitel über die Wahrnehmung auch auf den Geschmackssinn einzugehen.

Über die Geschmacksrezeptoren können wir bekömmliche Speisen von verdorbener Nahrung unterscheiden. Dies ist eine evolutionär bedingte und überlebenswichtige Funktion. Leider sind Kleinkinder oft noch nicht in der Lage, diese Unterscheidung zu treffen und sind somit in besonderer Weise auf unsere Hilfe angewiesen.

Aus psychoanalytischer Sicht ist der Mund die erste erogene Zone des Menschen. Der Säugling erfreut sich in dieser Phase (orale Phase) daran, alles in den Mund zu nehmen, was er in die Finger bekommt. Das Saugen an der Mutterbrust ist für ihn ein nährender, beruhigender und besonders befriedigender Zustand. Kommt die Mutter und stillt, ist sie die beste Mutter der Welt, steht sie gerade nicht zur Verfügung, ist der Säugling frustriert und die Mutter ist die Böse. Für ihn gibt es nur schwarz oder weiß: befriedigend = gut, frustrierend = schlecht. In dieser Zeit lernt der Säugling bereits, den Saugreflex von der Mutterbrust auf andere Objekte zu verschieben, beispielsweise auf einen Schnuller. Im späteren Leben können andere Quellen wie Popcorn, das Ziehen an der Zigarette, Snacks an der Bar oder Chips während eines spannenden Films beruhigend wirken.

Mit den Rezeptoren auf unserer Zunge können wir die primären Geschmacksqualitäten süß, salzig, bitter und sauer voneinander unterscheiden. Weiterhin gibt es noch sogenannte Glutamatrezeptoren. Der Geschmack wird jedoch nicht ausschließlich über die Rezeptoren der Zunge vermittelt, sondern insbesondere auch über die Riechzellen, zum Beispiel durch das Aroma eines Getränks oder eines Essens, mitbestimmt.

Um eine Information besser behalten zu können, ist es von Vorteil, diese auch erlebbar zu machen, wie folgende Übung demonstriert.

■ **Übung 6**

Halten Sie Ihre Augen und Ihre Nase beim Genuss eines Stückes Schokolade zu und beobachten Sie dabei, was Sie schmecken (❏ Abb. 2.8).

Was konnten Sie beim Essen der Schokolade beobachten? War es so, dass Sie nur den süßen Schokoladengeschmack wahrgenommen haben, jedoch nicht das Aroma?

Bei der Nahrung spielen auch Erinnerungen und Assoziationen eine wichtige Rolle. So können beispielsweise Spuren von Kokosmilch in einem Cocktail mit Kokossonnenöl assoziiert sein und Erinnerungen an einen schönen Urlaub aktivieren (s. ▶ Kap. 2.3, Konditionierung).

Geschmackswahrnehmung ist immer vielschichtig und abhängig von Konsistenz, Temperatur, Erfahrung, Einstellung und Bewertung. Die Geschmacksstoffe werden von den Rezeptoren auf der Zunge wahrgenommen und über Geschmacksnerven zum Gehirn weitergeleitet. Dort werden sie anschließend mit vielen anderen Informationen, die im Gehirn bereits abgespeichert wurden, verschaltet und zu einem Gesamteindruck zusammengesetzt. Die feinere Differenzierung von Geschmacks- und Geruchsempfindungen kann durchaus trainiert werden, wodurch sich dann auch im Gehirn differenziertere Areale ausbilden.

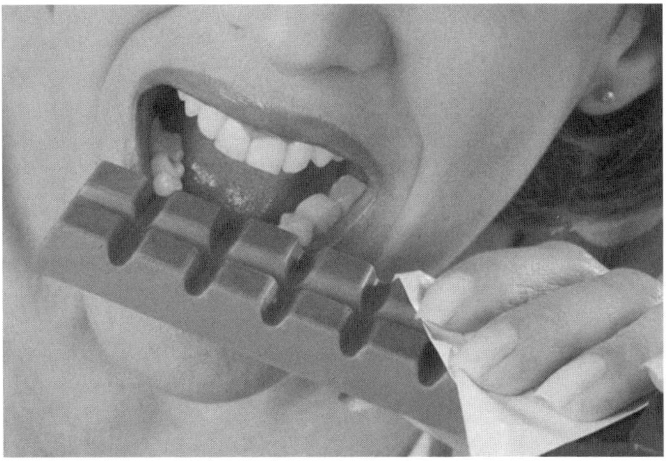

Abb. 2.8 Geschmackssinn (© Medioimages/Photodisc/Thinkstock)

Merke!
Geschmack ist erlernbar. Vielleicht können Sie sich noch an Ihren ersten Kontakt und Eindruck von Bier oder Schnaps erinnern. Für viele schmeckte es anfänglich sehr bitter und löste einen Abwehrreflex aus. Später trinkt man dann Bier, besonders den ersten Schluck, mit Genuss. Man hat sich im Laufe der Zeit und durch wiederholtes Trinken an den Geschmack gewöhnt und durch häufigen Kontakt in vielen Situationen gelernt, wie man diesen Geschmack zu bewerten hat.

Durch das Zusammentreffen der Geschmacksqualität »Bier« und der alkoholischen Wirkung hat unser Gehirn gelernt, was Bier ist und eine Einstellung dazu entwickelt. So wissen wir schon vor dem Genuss von Bier, welchen Geschmack wir zu erwarten haben und wie viel wir trinken müssen, um eine bestimmte Wirkung zu erzielen. Weicht der Geschmack von unserer Erwartung deutlich ab, so bemerken wir dies aufgrund unserer Lernerfahrungen.

2.1.6 Tasten/Fühlen

Die Haut ist das größte (Wahrnehmungs-) Organ und bildet die äußere Grenze eines Menschen. Über die Haut findet Kontakt zur Umwelt und die körperliche Beziehung zu anderen statt. Ob eine Berührung als angenehm oder unangenehm empfunden wird, hängt wiederum von vielen Faktoren ab. Wichtig dabei sind jedoch die jeweiligen bewussten und unbewussten Bewertungsprozesse einer Person. So können uns beispielsweise zwei unterschiedliche Personen an den gleichen Hautzonen, mit gleichem Druck und gleicher Wärme berühren. Die Interpretation dieser Wahrnehmung in unserem Gehirn wird davon abhängen, ob ich denjenigen mag oder eher nicht.

Mit unseren Händen begrüßen wir zum Beispiel Gäste, erfühlen die Temperatur von Speisen und Getränken und erfühlen die Konsistenz der Nahrung. Auf der gesamten Oberfläche unserer Haut befinden sich Rezeptoren für Wärme-, Kälte-, Druck-, Licht- und Schmerzwahrneh-

2

🔲 **Abb. 2.9** Der Tastsinn ist von Anfang unserer Entwicklung an ein wichtiges Element der Wahrnehmung (© Marili Forastieri/Thinkstock)

mung. Die Druck- und Temperaturreize werden von den Hautrezeptoren an die sogenannten sensorischen Rindenareale im Gehirn weitergeleitet. Im Gehirn sind die Areale für Hände und Mund besonders groß repräsentiert, weshalb wir diese »Organe« als sehr sensibel und empfindlich erleben und über sie feine Differenzierungen vornehmen können (🔲 Abb. 2.9).

Für das allgemeine Wohlempfinden ist es beispielsweise wichtig, dass der Gast nicht friert, was er über seine Kälte- bzw. Wärmerezeptoren vermittelt bekommt. Eine angenehme Temperatur trägt entscheidend zur Entspannung und zum Erleben einer wohltuenden Atmosphäre bei. Andererseits kann eine Kühle am Cocktailglas, vermittelt durch die Zugabe von Eis, als sehr angenehme Frische wahrgenommen werden. Eine kalte Suppe hingegen wird vom Gast eher als unangenehm empfunden und führt zur Reklamation.

ℹ️ **Merke!**
Ob ein Getränk oder eine Speise als zu kalt, zu warm oder als passend empfunden wird ist abhängig davon, wie wir es gelernt haben und wie es unserer Meinung nach sein sollte. Assoziation, Bewertung und Lernerfahrung spielen im gesamten Wahrnehmungsprozess eine sehr wichtige Rolle und können zum Beispiel durch Aufmerksamkeitslenkung verändert werden.

Über die Schmerzrezeptoren vermittelte Reize (zum Beispiel, wenn einem unabsichtlich heißer Kaffee übergeschüttet wird) werden in der Regel als unangenehm empfunden. Aufgrund des Schmerzes werden alle anderen Empfindungen übertönt und die Aufmerksamkeit richtet sich auf den Ort des Schmerzes. Schmerzreize sind überlebensnotwendig und ein wichtiges Warnsignal dafür, dass etwas nicht stimmt. In der Gastronomie ist es insbesondere das Küchenpersonal, welches häufig mit Verbrennungsreizen und Schnittverletzungen konfrontiert wird. Aber auch zerbrochene oder gesplitterte Gläser können bei Personal und Gästen zu schweren Verletzungen an Händen und Mund führen und ein zukünftiges Vermeidungsverhalten auslösen.

Experiment In einem Experiment sollte eine Gruppe von Versuchspersonen ihre Hände solange wie möglich in Eiswasser halten. Eine zweite Gruppe von Versuchspersonen sollte von ihrem letzten Urlaub erzählen, während sie ihre Hände in Eiswasser hielten. Bei gleichem Außenreiz konnte die zweite Gruppe ihre Hände deshalb deutlich länger im Eiswasser halten, weil sie vom Kältereiz abgelenkt war.

Auch die Fingernägel gehören zur Haut. Ihre Pflege ist ein Zeichen für Sauberkeit und wirkt positiv auf Gäste und Kollegen. Sauberkeit und Hygiene werden vom Gast mit Vertrauen honoriert, da er sich bei der Nahrungsaufnahme sicher fühlen kann. Hierfür werden von staatlicher Seite extra Kontrolleure eingesetzt, da mangelnde Hygiene und unzureichende Sauberkeit zu schweren gesundheitlichen Folgen führen können. In diesem Zusammenhang möchte ich auch das Thema Hauterkrankungen nicht unerwähnt lassen. Hautkrankheiten wie zum Beispiel die Schuppenflechte werden grundlos als unhygienisch interpretiert und bilden sowohl für das Personal als auch für Gäste einen Grund des Anstoßes. Um einer Diskriminierung und Distanzierung vorzubeugen, ist Aufklärung notwendig. Die Schuppenflechte ist nicht ansteckend und bedarf keiner besonderen hygienischen Vorsichtsmaßnahmen. Wichtig ist jedoch, dass die Getränke und die Nahrung vor den Hautschuppen geschützt werden. Anders verhält es sich bei infektiösen Hauterkrankungen. Hier ist ein Arzt aufzusuchen und ggf. eine Krankschreibung notwendig.

Abschließend noch eine Anmerkung zur Hautfarbe: Um sich wohler zu fühlen und um in der Wahrnehmung anderer als attraktiver wahrgenommen zu werden, legen sich manche hellhäutige Menschen unter Solarien, um ihre Haut zu bräunen. Objektiv betrachtet kommt es vordergründig lediglich zu einer Veränderung der Farb- bzw. Sehwahrnehmung durch eine veränderte Hautpigmentierung. Die Bewertung der Hautfarbe ist jedoch ein psychologisches Phänomen. Vor 200 Jahren galt eine helle Haut im europäischen Raum als attraktiv und war Zeichen einer gehobenen sozialen Schicht. Von der Sonne gezeichnet und gebräunt zu sein, wurde als ein Hinweis auf Feldarbeit oder niedere Arbeiten im Freien gedeutet. Objektiv ist es also nicht die wahrgenommene Hautfarbe, sondern die verinnerlichte gesellschaftliche und persönliche Bewertung derselben.

ⓘ Merke!
Starke Sonnenbestrahlung birgt ein erhöhtes Risiko, an Hautkrebs zu erkranken und führt zu vorzeitiger Hautalterung und Faltenbildung.

2.2 Kognition

Da jede gastronomische Aktivität von kognitiven Vorgängen beeinflusst wird, ist es wichtig, dass wir uns etwas näher damit beschäftigen. Nach Zimbardo (2008) wird der Begriff »Kognition« umfassend für alle Formen des Erkennens und Wissens benutzt.

Im Folgenden möchte ich Ihnen einige kognitive Fähigkeiten aufzeigen und diese anhand von Beispielen verdeutlichen:

— Aufmerksam sein (Ein Gast kommt herein, ich wende mich ihm zu …)
— Erinnern (Ich habe ihn schon einmal gesehen …)
— Urteilen (Das ist ein sehr freundlicher Gast …)
— Problemlösen (Ich werde mir kleine, erreichbare Ziele setzen …)
— Vorstellen (Ich sehe ein großzügiges Trinkgeld vor Augen …)
— Antizipieren (Ich beginne schon vorweg sehr freundlich zu sein …)
— Planen (Ich plane meinen Jahresurlaub …)
— Entscheiden (Das Angebot zum Barchef werde ich annehmen …)
— Sprache (Das Mitteilen von Informationen: Wir benötigen mehr Eiswürfel …)
— Mentale Repräsentationen (Klassifizieren, Interpretieren, Träumen, Faktenwissen, Gedächtnis)

2.2.1   Aufmerksamkeit

Unsere Aufmerksamkeit lässt sich mit einem Lichtstrahl vergleichen. Sie verhält sich wie ein Scheinwerfer, der auf ein Objekt fällt. Alles andere liegt im Dunkeln, da seine Leuchtfähigkeit begrenzt ist. Aufmerksamkeit ist ein Zustand konzentrierter Bewusstheit mit der Bereitschaft zu reagieren und bildet die Brücke, über die die Außenwelt in die Innenwelt gelangt. Bei Ihrer Arbeit haben Konzentration und Aufmerksamkeit eine wichtige Bedeutung. Deshalb die nächste Übung.

■ **Übung 7**
Beantworten und diskutieren Sie bitte folgende Fragen:
1. Wie schnell lasse ich mich bei der Arbeit ablenken?
   (0 gar nicht --------------10 ständig)
2. Wovon lasse ich mich besonders ablenken?
3. Was hilft mir, um konzentriert und aufmerksam zu bleiben?

Broadbent (1958/1971) vergleicht Aufmerksamkeit mit einem Filter in einem Kommunikationskanal. Gemäß seiner Theorie ist die Menge der Informationsverarbeitung begrenzt und selektiv. Unser Gehirn nimmt vieles wahr, wovon uns aus Kapazitätsgründen der Aufmerksamkeit nur wenig bewusst wird. Es filtert aus allen Informationen sozusagen das heraus, was es für wichtig hält und blendet Unwichtiges aus. Ein Beispiel hierfür ist »der Partyeffekt« (s. ▶ Kap. 2.1.3).

Grundsätzlich kann die Aufmerksamkeit nicht beliebig zwischen verschiedenen Informationsquellen hin und her springen, sondern immer nur auf eine Informationsquelle gerichtet sein. Droht beispielsweise Gefahr, so richtet sich unsere Aufmerksamkeit plötzlich auf die Gefahrenquelle.

Es wird oft behauptet, dass Frauen im Gegensatz zu Männern »multitasking« fähig seien, was jedoch nicht zutrifft (DGUV 2010). Unwichtiges wird weggefiltert oder in einem »buffer«, dem sensorischen Kurzzeitgedächtnis, zwischengespeichert. Um eine Information, zum Beispiel das Aufnehmen einer Bestellung, zu erinnern, muss sie zuerst bewusst mit Aufmerksamkeit besetzt werden, bevor sie abgespeichert werden kann.

■ **Abb. 2.10** Erinnern oder notieren? (© digital vision/Thinkstock)

2.2.2 Das Erinnern

»Der Begriff Erinnern wird sowohl für das Speichern als auch für das Reproduzieren von Ereignissen benutzt. Auf der Basis dessen was war, vorhersagen zu können, was sein wird« (Zimbardo 2008).

Enkodieren bezeichnet das Aufnehmen und neuronale Übersetzen von Reizen, zum Beispiel das bewusste Wahrnehmen des Stammgetränkes eines Gastes.

Speichern ist das Aufbewahren des enkodierten Materials und geschieht automatisch bei der Aufmerksamkeitsfokussierung.

Das **Abrufen** ist das Wiederfinden des Materials zu einem späteren Zeitpunkt und geschieht ebenfalls automatisch, zum Beispiel beim Wiedererinnern eines Gastes. Um sich bewusst an den Namen eines Gastes zu erinnern, ist jedoch Konzentration nötig.

Die meisten Bartender nehmen eine Bestellung wahrscheinlich eher schriftlich auf, anstatt sie sich zu merken (■ Abb. 2.10).

Das Gedächtnis wird üblicherweise unterteilt in das »Sensorische Gedächtnis« (SG), das »Kurzzeitgedächtnis« (KZG) und das »Langzeitgedächtnis« (LZG).

2

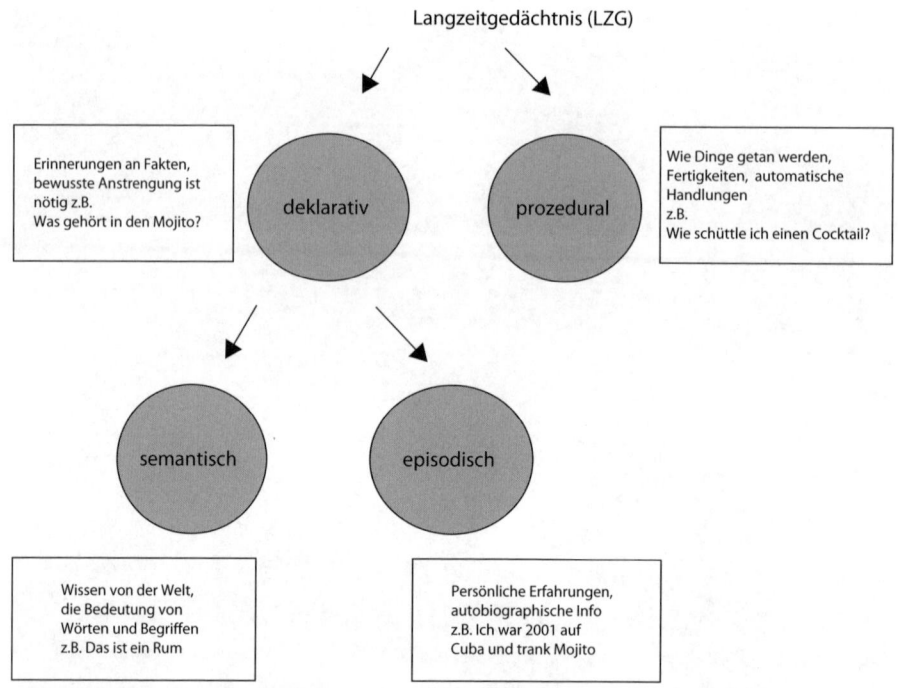

Langzeitgedächtnis (LZG)

Erinnerungen an Fakten, bewusste Anstrengung ist nötig z.B. Was gehört in den Mojito?

deklarativ

prozedural

Wie Dinge getan werden, Fertigkeiten, automatische Handlungen z.B. Wie schüttle ich einen Cocktail?

semantisch

episodisch

Wissen von der Welt, die Bedeutung von Wörten und Begriffen z.B. Das ist ein Rum

Persönliche Erfahrungen, autobiographische Info z.B. Ich war 2001 auf Cuba und trank Mojito

◘ Abb. 2.11 Bereiche des Langzeitgedächtnisses (© Lampert)

In Ergänzung zum Kurzzeitgedächtnis beinhaltet das Langzeitgedächtnis das Wissen eines Menschen über sich selbst. Es ist der Speicher aller Erfahrungen, Wörter, Regeln, Fertigkeiten, Urteile etc. die vom SG und KZG übertragen wurden (Zimbardo 2008).

Das Langzeitgedächtnis (◘ Abb. 2.11) ist unterteilt in einen » deklarativen Anteil«, in dem Fakten abgespeichert werden, und einen »prozeduralen Anteil«, von dem aus Fertigkeiten abgerufen werden.

Der deklarative Speicher unterscheidet nochmals einen »semantischen Teil«, mit dem Wissen bezüglich der Welt im Allgemeinen, und einen »episodischen Teil«, mit der Erinnerung an die eigenen biografischen Erlebnisse.

Informationen im sensorischen Gedächtnis (SG) halten circa 500 Millisekunden, während akustische Reize über unser Ohr mehrere Sekunden erhalten bleiben beziehungsweise nachklingen (Neisser 1967). Die Speicherzeit unseres Kurzzeitgedächtnisses (auch als Arbeitsgedächtnis bezeichnet) beträgt circa 20 Sekunden, es sei denn, die Information wird willentlich im Bewusstsein aufrecht erhalten. Erinnerungsfähig sind etwa 5–9 Informationseinheiten.

▪ Übung 8

Um Ihr Gedächtnis zu prüfen, können Sie nun folgendes Experiment durchführen. Lesen Sie dazu bitte die folgenden Zahlen zügig durch und notieren anschließend aus Ihrer Erinnerung die Zahlenfolge der Reihe nach auf einem Blatt Papier.

8 1 7 3 6 4 9 4 2 8 5

In einem weiteren Schritt lesen Sie die Liste zufällig ausgewählter Buchstaben zügig durch und notieren diese anschließend auf einem Blatt Papier.

J M R S O F L P T Z B

Nun versuchen Sie, sich noch einmal aus dem Gedächtnis an die Zahlenreihe zu erinnern, ohne diese jedoch nochmals durchzulesen.

Für Gäste ist es oft erstaunlich, wie gut sich Kellner die Informationen einer Bestellung behalten können. Hierfür haben sie jedoch meistens ein jahrelanges Training absolviert. Um unsere Gedächtnisleistungen bewusst zu verbessern, gibt es verschiedenste Möglichkeiten, sogenannte Memotechniken. Mit Hilfe dieser Strategien lassen sich die abgespeicherten Informationen leichter abrufen.

> **Beispiele für Memotechniken:**
> - Eselsbrücken: Worte, die bereits im LZG gespeichert sind, werden mit dem neuen Wort verknüpft, zum Beispiel »Barpsychologie« mit der Assoziation »an der Bar sitzt ein Psychologe«.
> - Die Loci-Methode (Locus = Ort, Loci = Orte): Wollen Sie sich beispielsweise Namen merken, so assoziieren Sie zum Beispiel jeden einzelnen Namen mit einem Zimmer Ihres Hauses oder mit Häusern Ihrer Straße.
> - Die bildhafte Vorstellung: Sie ist eine der effektivsten Strategien. Man erinnert sich an Wörter, indem man sie mit Vorstellungsbildern oder ganzen Geschichten assoziiert.

🛈 Merke!
Wiedererkennen ist leichter als freie Reproduktion. Deshalb mögen viele Menschen »Multiple Choice Tests« lieber als offene Fragen, weil hierbei die richtige Antwort schon vorgegeben ist. Die Schwierigkeit liegt dann in der Differenzierungsfähigkeit, unter den ähnlichen Antworten die richtige herauszufinden. Etwas nicht zu erinnern oder zu vergessen ist keine Schande, sondern das Ergebnis einer zu geringen Aufmerksamkeit beim Einspeichern, einer fehlenden Technik oder einer mangelnden Übung.

2.2.3 Urteilen

Urteilen ist das Resultat kognitiver Aktivität auf der Basis der verfügbaren Informationen im Gehirn. Hierzu zählt: sich eine Meinung zu bilden, Schlüsse zu ziehen und diese kritisch zu bewerten (◻ Abb. 2.12).

Menschliches Urteilen ist oft fehlerbehaftet, da der Mensch kognitiv bequem ist und geistige Anstrengung gerne umgeht.

Durch sogenannte Vorurteile oder stereotype Einstellungen kann er geistige Energie einsparen und muss nicht weiter nachdenken, um differenziert zu entscheiden. Auch unsere Gäste sind oft »bequeme Gesellen«. Viele von ihnen wissen zum Beispiel nicht richtig, auf was sie eigentlich Lust haben, sondern sparen sich am Feierabend ihre kognitive Energie und bestellen »wie immer«. Dies erspart ihnen, ihre Bedürfnislage zu prüfen und zu bewerten.

2

☑ **Abb. 2.12** Urteilen und bewerten (© Rob Wilson/Shutterstock.com)

Denken ist bei dem einen mehr und bei dem anderen weniger geprägt durch **kognitive Verzerrungen**. Sie treten bei allen Menschen infolge von Urteilen und Schlussfolgerungen auf und führen oft zu Fehlurteilen und in Folge dessen zu Fehlhandlungen.

Ein Beispiel
für kognitive Verzerrungen sind die sogenannten Denkfehler wie
- Schwarz-Weiß-Denken (Wenn mein Chef nicht für mich ist, dann ist er gegen mich.)
- Katastrophisieren (Negative Vorhersage über die Zukunft: Oh Gott, das wird doch eh nichts.)
- Übergeneralisieren (Radikale Schlussfolgerung: Alle Fußballfans sind Hooligans.)
- Gefühle als Beweis (Zu denken, dass es wahr sein muss, weil man es so stark fühlt: Ich liebe ihn, deshalb liebt er mich auch.)
- Positives Ausschließen/Abwerten (Ich war schon immer ein Versager.)
- Gedankenlesen (Der Bartender wird schon wissen, was ich gerne trinke).
- Tunnelblick (z.B. einen Tisch mit Gästen bevorzugt wahrnehmen)
- Vergrößerung/Verkleinerung (Positives abwerten/Negatives hervorheben: Ich weiß, dass ich bei der Arbeit viel Gutes mache, habe aber trotzdem das Gefühl ein Versager zu sein.)

2.2.4 Probleme lösen

Probleme sind Bestandteile des Lebens, sie zu lösen ist eine ständige Herausforderung für jeden von uns. Probleme zu lösen kann einen bis zur Verzweiflung führen, andererseits kann Problemösen aber auch ein kreativer und lustvoller Prozess sein.

■ Übung 9

Es dürfte Ihnen sicher nicht schwer fallen, sich an ein Problem aus den letzten Tagen/Wochen zu erinnern. Haben Sie es mittlerweile gelöst? Wenn ja, wie haben Sie es gelöst? Haben Sie dabei eine für Sie typische Vorgehensweise angewandt? Wenn Sie es noch nicht gelöst haben, dann können Sie nun lernen, was Sie tun könnten, um eine befriedigende Lösung zu finden.

Zielzustand

Operationen

Ausgangs-
zustand

◙ Abb. 2.13 Problemlösen (© Scanrail/Fotolia.com)

Es mag sich etwas sonderbar anhören, aber die Voraussetzung, um ein Problem lösen zu können ist, dass man es als solches wahrnimmt. Eine mangelnde Problemwahrnehmung, beispielsweise eines Mitarbeiters, kann zur Belastung des ganzen Teams werden. Andere erkennen das Problem, nur derjenige, den es betrifft, ist »blind« dafür. Problemwahrnehmung steht also am Anfang der Problemlösekette. Je achtsamer Sie sind, desto früher können Sie ein Problem wahrnehmen und haben somit die Möglichkeit frühzeitig gegenzusteuern.

Bei der Problemlösung unterscheidet man:
– Den **Ausgangszustand**, den Moment der unvollständigen Information, mit dem man beginnt.
– Den **Zielzustand,** den man zu erreichen erhofft.
– Die **Operationen**, d.h. die Schritte, die nötig sind, um das gewünschte Ziel zu erreichen.

Bei einem gut definierten Problem sind alle drei Faktoren genau bekannt, während bei einem schlecht definierten Problem alle oder einzelne Faktoren unklar sind. Wenn Sie nun an ein Problem denken, können Sie sich fragen: »Sind mir alle drei Faktoren (Ausgangszustand, Zielzustand, Operationen) des Problems bekannt oder was ist mir unklar?« ◙ Abb. 2.13 zeigt anschaulich, dass der Problemlöseprozess nicht immer geradlinig verlaufen muss.

▪ Übung 10
Nehmen Sie ein eigenes Problem und analysieren es anhand folgender Fragen und Anweisungen. (Im Unterricht bilden Sie Gruppen zu 3–4 Personen und wählen eine Person aus, die ein Arbeitsproblem vorstellt.)
– Liegt es an meiner Sichtweise oder besteht das Problem objektiv?
– Wie ist meine Wahrnehmung dazu?
– Was sind meine Gedanken dazu? Sind sie durch Denkfehler meinerseits verzerrt? (siehe oben)
– Welche Gefühle löst das Problem in mir aus?
– Was hat das Problem ermöglicht, begünstigt und hält es aufrecht?
– Hat das Problem einen Vorteil oder Gewinn für mich?
– Bei der anschließenden Zielanalyse wird danach gefragt, was das Ziel ist, der Sollzustand, den man herbeiführen möchte.
– Grundsätzlich ist es wichtig, diesen Sollzustand auf Erreichbarkeit zu prüfen.
– Danach werden die Zwischenschritte oder Teilziele bestimmt.

2

- Bei der Lösungs- und Veränderungsplanung werden Lösungswege gesucht und ausgearbeitet.
- Kann man bei der Lösung auf frühere Erfahrungen zurückgreifen?
- Müsste ich meine Einstellung verändern?
- Habe ich genügend Kompetenzen, um bei der Lösung weiterzukommen. Oder benötige ich Unterstützung oder eine Schulung oder Weiterbildung? Hierbei geht es um die Erweiterung des Problemlöseraums. Sie können auch Gedanken zulassen, die verrückt oder unmöglich erscheinen.
- Schließlich geht es darum Prioritäten zu setzen. Was wollen Sie hauptsächlich verändern und was soll nicht verändert werden?
- Die Lösungsstrategien sollten gründlich auf Vor- und Nachteile geprüft werden, bevor eine Entscheidung getroffen wird.
- Die Teilziele sollten nicht zu hoch gesteckt werden, so dass sie erreichbar sind.
- Erst nach dem Erreichen eines Teilziels wird das nächste Teilziel in Angriff genommen.
- Bei Verfehlen des Teilziels muss erneut analysiert und hinterfragt werden: War es realistisch und erreichbar? Welche Kompetenzen sind nötig, um es zu erreichen (Rückkopplungsschleife)?
- Ist es gelungen ein Problem zu lösen, dann lässt sich der Lösungsweg fortsetzen und ggf. auch auf andere Probleme übertragen (Generalisierung).

ⓘ Merke!
Problemlösen ist erlernbar und auf die meisten Alltagsprobleme anwendbar.

2.3   Lernen

Viele psychologische Prozesse und Handlungsabläufe (s. ▶ Kap. 7.2.1) im Hotel und in der Gastronomie müssen erlernt werden. Hierfür sind theoretische Unterrichtseinheiten und eine praktische Schulung vorgesehen. Auch »Anlernkräfte« arbeiten oft sehr professionell, und wie das Wort schon sagt, geht es ums »Lernen«.

Aus psychologischer Sicht versteht man unter Lernen eine dauerhafte Änderung von Verhalten und von Verhaltenspotenzialen. Fundierte Kenntnisse über den Ablauf von Lernprozessen erleichtern den Auszubildenden, aber auch den Vorgesetzten und Ausbildern, die Vermittlung von Wissen. Lernen baut auf Erfahrung und Übung auf und ist nicht direkt beobachtbar. Es muss aus den Verhaltensänderungen erschlossen werden.

Üblicherweise unterscheidet man folgende drei Arten des Lernens:
- Klassische Konditionierung
- Operante Konditionierung
- Lernen am Modell

2.3.1   Die klassische Konditionierung (Pawlow 1927)

Die klassische Konditionierung geht auf Untersuchungen des russischen Nobelpreisträgers Iwan Petrowitsch Pawlow zurück. Er fand heraus, dass immer dann, wenn er einem Hund Futter hinstellte, es bei dem Hund zu einem natürlich bedingten Speichelfluss (unkonditionierte Reaktion) kam. Wenn er dann gleichzeitig oder kurz vor dem Futter eine Glocke (unkonitio-

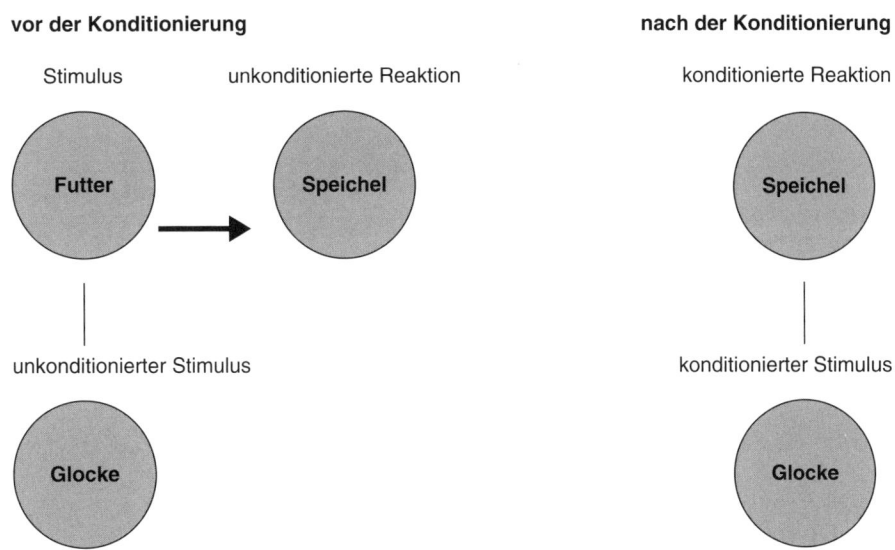

Der bedingte Reflex

vor der Konditionierung

Stimulus　　　　unkonditionierte Reaktion

Futter　　　→　　Speichel

unkonditionierter Stimulus

Glocke

nach der Konditionierung

konditionierte Reaktion

Speichel

konditionierter Stimulus

Glocke

◘ **Abb. 2.14** Klassische Konditionierung

nierter Stimulus) läutete, so löste das Läuten der Glocke auch ohne Futter (konditionierter Stimulus) bereits nach wenigen Durchgängen den Speichelfluss (konditionierte Reaktion) aus: Der Hund hat gelernt, dass der Glocke das Futter folgt. ◘ Abb. 2.14 zeigt diesen Ablauf.

An was denken Sie bei dieser Glocke und welche Reaktion mag sie wohl auslösen (◘ Abb. 2.15)?

An der Hotelrezeption befindet sich oft eine Glocke, deren Betätigen beim Personal ebenfalls eine konditionierte Reaktion auslöst. Die Mitarbeiter haben vorher gelernt, dass beim Klingeln der Glocke jemand an der Rezeption wartet.

▪ **Übung 11**

Überlegen Sie nun, welche Reaktionen bei Ihnen und bei ihren Gästen klassisch konditioniert sein könnten und notieren Sie sich diese.

Klassisch konditionierte Reaktion

Gast	bei mir
1...	1...
2...	2...
3...	3...
4...	4...
5...	5...
6...	6...
7...	7...

◘ **Abb. 2.15** Beispiel für eine klassische Konditionierung (amriphoto/iStockphoto)

2.3.2   Operante Konditionierung

Eine weitere Form des Lernens, die auf klassischer Konditionierung aufbaut, ist die operante Konditionierung. Zwei der wichtigsten Vertreter des operanten Konditionierens waren John B. Watson (1920) und Burrhus Frederic Skinner (1930). Bei der operanten Konditionierung wird Verhalten zielgerichtet belohnt, d.h. positiv oder negativ verstärkt (◘ Abb. 2.16).

Bei der **positiven Verstärkung** folgt einem Verhalten unmittelbar eine angenehme Konsequenz, so dass die Wahrscheinlichkeit hoch ist, dass dieses Verhalten wiederholt wird. Wenn man in einer Bar gute Erfahrungen macht und sich wohlfühlt, wird man wahrscheinlich auch wiederkommen!

Bei der **negativen Verstärkung** folgt einem Verhalten der Entzug eines unangenehmen Reizes. So kann beispielsweise das Trinken von Alkohol nach einem anstrengenden Arbeitstag zur Reduktion einer inneren Spannung führen und als Verstärker für Trinkverhalten wirken. Dieses Wissen ist eine gelernte Reaktion und wirkt nach einigen Lernerfahrungen unbewusst weiter.

Man unterscheidet folgende Verstärkungsarten:
- **Primäre Verstärker,** die biologisch angelegte Bedürfnisse wie Trinken, Essen oder Sexualität befriedigen.

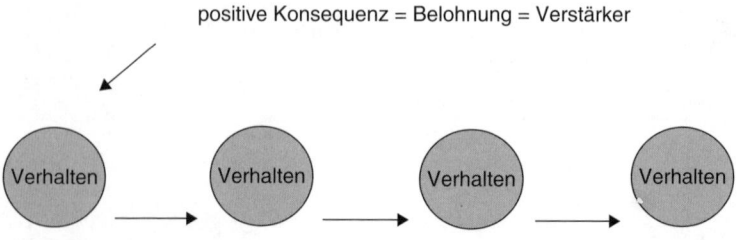

◘ **Abb. 2.16** Operante Konditionierung

— **Sekundäre Verstärker,** die kulturspezifisch und durch Konditionierung mit primären
Verstärkern entstanden sind. In der westlichen Kultur zählen Geld, Macht, Berühmtheit
und sozialer Status zu den sekundären Verstärkern.

Es gibt aber auch verschiedene Arten, wie man ein Verhalten verstärken, d.h. belohnen kann.
So könnte man zum Beispiel einem Gast bei jedem Besuch ein Getränk spendieren (**konti-
nuierliche Verstärkung**=Jedes Mal I I I I I I I I I I I). Wenn Sie ihm nur unregelmäßig ein
Getränk spendieren, wäre dies eine **intermittierende Verstärkung** (ab und zu I-----I--I------
I-----I--I—I).

Unter **Löschung** versteht man das Weglassen von Verstärkern. Oder wie lange gingen Sie
noch arbeiten, wenn man Ihnen keinen Lohn mehr zahlen würde?

> **Beispiel:**
> Zwei Gäste kommen jeden Dienstag zu Ihnen an die Bar, ohne etwas zu trinken, da sie auf
> ein Freigetränk warten. Dem einen Gast spendieren Sie jedes Mal ein Freigetränk, dem
> anderen Gast nur ab und zu. Wenn Sie nun keine Lust mehr hätten, den beiden Getränke zu
> spendieren und dann plötzlich damit aufhören würden, was glauben Sie, welcher Gast wür-
> de weiterhin kommen? Aller Wahrscheinlichkeit nach der zweite Gast, weil er es gewohnt
> ist, manchmal auch kein Freigetränk zu bekommen. Der andere hingegen würde schnell
> seine Freude verlieren und wegbleiben.

▪ **Übung 12**
Überlegen Sie nun, welche Reaktionen bei Ihnen und bei ihren Gästen operant konditioniert
sein könnten und notieren Sie diese anschließend.

Operant konditionierte Reaktion

Gast	bei mir
1...	1...
2...	2...
3...	3...
4...	4...
5...	5...
6...	6...
7...	7...

2.3.3 Lernen am Modell

Sicher kennen Sie genügend Beispiele aus Ihrem eigenen Leben, durch die Sie lediglich durch
die Beobachtung von einem anderen Menschen gelernt haben. Viele erlernte Handlungsabläufe in der Gastronomie basieren auf diesem Lernmodell.

☑ Abb. 2.17 Modelllernen (© Kzenon /iStockphoto)

Eine genauere Beschreibung der Theorie des Lernens am Modell (auch Theorie des sozialen Lernens genannt) entwickelte Albert Bandura (1964) aufgrund seiner Untersuchungen an der Standford University in Kalifornien. Er konnte beobachten, dass Kinder das Verhalten anderer Kinder eher dann imitierten, wenn diese für ihr Verhalten belohnt wurden. Wurden sie stattdessen bestraft, dann imitierten die Kinder das Verhalten der bestraften Kinder eher nicht.

Auch Erwachsene reagieren auf beobachtetes Verhalten, das belohnt wird, mit Imitation. Wir alle haben und/oder hatten Modelle, von denen wir gelernt haben, denen wir gefolgt sind oder immer noch folgen. Wir bedienen uns der von ihnen vorgelebten Lösungsmechanismen, urteilen und handeln so wie diese, ohne es zu bemerken. Die Werbung ist ein Beispiel dafür, wie dieses Wissen ganz gezielt (aus)genutzt wird. Die Theorie des sozialen Lernens erklärt zum Beispiel auch, weshalb Jugendliche ihre Idole imitieren, indem sie die gleiche Frisur und Kleidung wie diese tragen, deren Lieder singen und im Stillen darauf hoffen, dass der Erfolg des Idols schließlich auf sie überspringt und sie so an dessen Erfolg teilhaben können.

ⓘ Merke!
Beobachtetes Verhalten, welches belohnt wird und erfolgreich ist, wird auch oft imitiert.

Beispiel:
Ein junger Mann auf Brautschau beobachtet, wie ein anderer Herr einer Dame einen Wein ausgibt, mit ihr ins Gespräch kommt und sie ihn nach einer Weile gar küsst (☑ Abb. 2.17). Folge dieser Beobachtung könnte sein, dass er von nun an Ausschau nach einer Dame hält, die gerade etwas bestellen will, um ihr einen Drink anzubieten in der Erwartung …

▪   Übung 13
Überlegen Sie abschließend zu diesem Kapitel, welche Modelle Sie im Verlauf Ihres Lebens hatten und was sie von diesen lernen konnten. Eine Zeitreise und eine Begegnung mit Ihrer eigenen Geschichte mag dafür Ihre Belohnung sein.

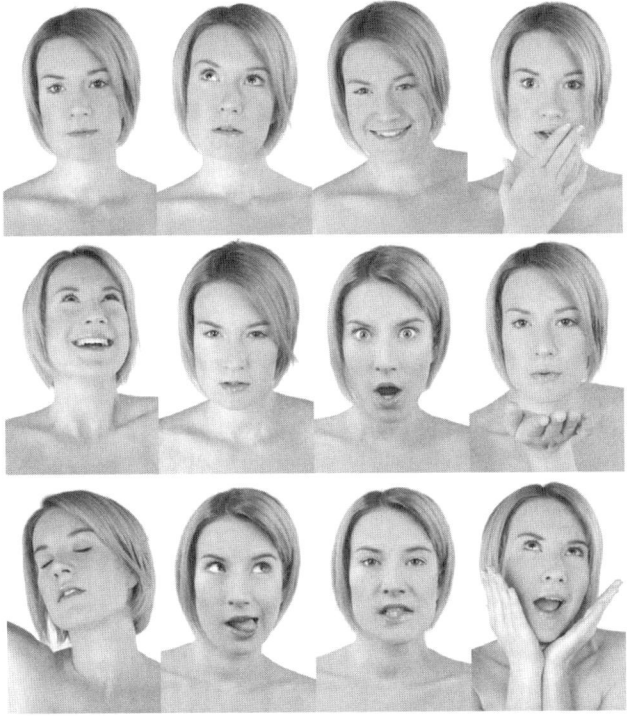

☑ Abb. 2.18 Verschiedene Emotionen in einem Gesicht (© iStockphoto/Thinkstock)

2.4   Emotionen

Die Einschätzung der jeweiligen Gefühlslage von Gästen ist für Hoteliers und Gastronomen unverzichtbar. Den Gast richtig wahrnehmen und seine Gefühle und Bedürfnisse richtig einschätzen zu können, führt zu einem tieferen Verständnis und ist die Grundlage zum Aufbau einer tragfähigen Stammgastbindung (s. ► Kap. 5.3). Emotionen sind ein grundlegender Bestandteil der menschlichen Existenz und zeigen sich u.a. im Verhalten und an der Mimik einer Person (☑ Abb. 2.18).

■   **Übung 14**
Betrachten Sie die unterschiedlichen Gesichtsausdrücke der Person und überlegen Sie, welches die verschiedenen Emotionen sind, die sie ausdrückt.

Emotion bedeutet übersetzt »herausbewegen« (lat. *ex* »heraus« und *motio* »Bewegung«), eine innerliche Bewegung als Reaktion auf eine Situation. Schon im Altertum wurden Gefühlsbewegungen beschrieben, und viele Autoren nutzen die emotionale Beschreibung, um ihren Figuren Ausdruck zu verleihen. Was wäre beispielsweise ein Schwarzenegger ohne seinen Zorn, ein Horrorfilm ohne Angst und Schrecken, ein Liebesfilm ohne Sehnsucht, Rührung und Liebe? Was wäre das Leben an der Bar, aber auch das Theater oder der Film, ohne Emotionen? Auch viele Wissenschaftsbereiche wie Philosophie, Psychologie, Biologie, Hirnforschung, Sprachwissenschaften, Religion und Kulturwissenschaften beschäftigen sich mit der Erforschung von Emotionen (siehe z.B. Ekman 2010).

Emotionen spielen eine wichtige Rolle im zwischenmenschlich kommunikativen Bereich, wirken handlungssteuernd und werden deshalb auch gezielt zu manipulativen Zwecken, zum Beispiel von der Werbeindustrie, eingesetzt.

Emotionen sind in Abgrenzung zur Stimmung eher kurz. Ihre Stärke ist abhängig vom jeweiligen physiologischen (körperlichen) Erregungsniveau des Organismus. Hat beispielsweise ein Gast viel Kaffee getrunken, so hat er vermutlich ein höheres Erregungsniveau als ein Kollege, der nach einer Nachtschicht sehr erschöpft ist. Die Richtung einer Emotion, d.h. ob ein Gast fröhlich, traurig, eifersüchtig oder ängstlich reagiert, ist abhängig von seinen jeweiligen Gedanken. Ein Beispiel dafür stammt aus einer Therapiestunde. Während eines Gesprächs mit einem Patienten begannen Gärtner unerwartet vor meinem Fenster Bäume zu schneiden, und eine Motorsäge heulte laut auf. Weil ich dachte:»Das darf doch nicht wahr sein, was für ein Lärm«, entschuldigte ich mich bei dem Patienten. Dieser erwiderte zu meinem Erstaunen, dass es ihn nicht störe, denn sein Vater sei Förster, und bei dem Geräusch der Motorsäge müsse er an ihn, die befreundeten Waldarbeiter und an zu Hause denken. Dieses kleine Beispiel zeigt, wie das gleiche Geräusch in Abhängigkeit unterschiedlicher Bewertung zu unterschiedlichen Emotionen führen kann. Habe ich einen mir sympathischen Nachbarn, der abends eine Party veranstaltet, auf der es etwas lauter zugeht, dann denke ich vielleicht:»Ich war auch einmal jung« und werde vielleicht etwas besinnlich. Kann ich meinen Nachbarn nicht ausstehen und denke:»Dieser unmögliche Typ«, dann werde ich höchstwahrscheinlich ärgerlich und wütend.

ⓘ Merke!
Die Stärke der Emotionen ist abhängig vom jeweiligen Erregungsniveau eines Menschen, und die Richtung der Emotion wird beeinflusst von seinen jeweiligen Gedanken.

2.4.1 Das Kognitive Modell

An dieser Stelle möchte ich Ihnen das Kognitive Modell vorstellen. Es ist ein verhaltensanalytisches Konzept, welches dazu beitragen kann, das eigene Verhalten und das Verhalten anderer besser zu verstehen und möglicherweise zu verändern. Es integriert und analysiert Kognitionen, Emotionen, körperliche Reaktionen, Verhalten und dessen Konsequenzen.

Es wird eine bestimmte Situation analysiert, die wir mit **S** bezeichnen. Die Situation ist eine bestimmte Szene, wie sie auf einem Foto festgehalten würde: Beispielsweise möchte ein Gast in sein Hotelzimmer im 5. Stock, hat jedoch Angst mit dem Fahrstuhl zu fahren (**◘** Abb. 2.19). Er geht zum Aufzug und bleibt gehemmt und etwas verunsichert davor stehen.

▪ Übung 15
Bevor Sie weiterlesen überlegen Sie bitte, was dieser ängstliche Gast im Moment wohl denken könnte (**G**)? Welche Emotionen (**E**) wird er bei diesen Gedanken haben? Wie wird sich seine Angst körperlich (**K**) zeigen? Wie könnte sein typisches Verhalten (**V**) sein? Das Verhalten wird über die daraus resultierenden Konsequenzen (**K**) beeinflusst, welche kurzfristig (**kK**) oder langfristig (**lK**) sein können.

Im Folgenden konstruiere ich ein mögliches Beispiel:
Der Gast könnte denken:»Der Aufzug bleibt stecken und dann bin ich eingesperrt«. Als Reaktion auf diese Gedanken wird er vermutlich Angst empfinden. Körperlich könnte er darauf

◘ **Abb. 2.19** Gast mit Fahrstuhlangst (© Hemera/Thinkstock)

mit Schwitzen und hohem Puls reagieren. Sein folgerichtiges Verhalten wäre vermutlich, dass er die Treppe nimmt und den Aufzug vermeidet. Eine kurzfristige Konsequenz könnte sein, dass sich seine Angst schlagartig legt. Eine langfristige Konsequenz aus dem Vermeidungsverhalten könnte sein, dass er sich als Versager fühlt und sein Selbstwertgefühl darunter leidet, weil er in seinem Handlungsspielraum stark eingeschränkt ist.

Das Beispiel noch einmal in der Kurzfassung:

Situation:	20 Uhr vor dem Aufzug
Gedanke:	Der Aufzug bleibt stecken
Emotion:	Angst
Körper:	Schweißige Hände, Zittern, Puls und Blutdruck steigen
Verhalten:	Gast nimmt die Treppe
Kurzfristige Konsequenz:	Angstreduktion
Langfristige Konsequenz:	Die Angst bleibt und negatives Selbstbild entsteht

Die obige Analyse ist eine sogenannte horizontale Verhaltensanalyse, mit der sich eine bestimmte Szene analysieren lässt. Sie zeigt, dass unser Verhalten stark von den jeweiligen Gedanken in einer Situation sowie von den unmittelbar folgenden kurzfristigen Konsequenzen beeinflusst wird. Jeder Mensch ist jedoch auch das Ergebnis seiner Geschichte und seiner Erfahrungen, weshalb auch die Entstehungsbedingungen analysiert werden müssen. Diese Form der Analyse bezeichnet man als vertikale oder biografische Verhaltensanalyse. Es kann und soll jedoch nicht die Aufgabe des Hotelpersonals sein, einen solchen Gast zu »behandeln«, damit er seine Angst verliert. Dennoch kann Ihnen das Wissen um die Zusammenhänge dabei helfen, das Verhalten und die Emotionen Ihrer Gäste besser verstehen zu können.

> **ℹ Merke!**
>
> Wie wohl jeder aus eigener Erfahrung weiß, nützt es wenig zu sagen: »Du brauchst keine Angst zu haben«, wenn jemand Angst hat. Ebenso hilft es einem traurigen Menschen nicht, ihm zu sagen: »Lache doch mal«. Er wird es nicht können, ohne dabei seine Traurigkeit zu überspielen, und es würde ihn eher verletzten, eben weil er es in diesem Moment nicht anders kann.

Es ist sicher eine der herausforderndsten Aufgaben, auf die aktuelle emotionale Lage des Gastes einzugehen. Dazu braucht es Empathie und Einfühlungsvermögen sowie die Bereitschaft, auch immer wieder an sich selbst, den eigenen Gedanken und Emotionen zu arbeiten. Eine wichtige Voraussetzung dafür ist eine gute emotionale Intelligenz.

2.4.2 Emotionale Intelligenz

Beschließen möchte ich diesen Abschnitt mit der Beschreibung des von Goleman (1998) geprägten Begriffs der »Emotionalen Intelligenz«. Gemeint ist die Fähigkeit einer Person, ihre eigenen und die Gefühle anderer zu erkennen, sich selbst zu motivieren und die eigenen Emotionen unter Kontrolle zu haben.

Zu den wichtigsten Kompetenzen und Fähigkeiten der emotionalen Intelligenz, insbesondere der eines Hoteliers und Gastronomen, gehören:
- Intrapersonelle Fähigkeiten: Selbstwahrnehmung, emotionale Selbstbewusstheit, Durchsetzungsfähigkeit, Unabhängigkeit, Selbstverwirklichung
- Interpersonelle Fähigkeiten: Empathie, soziale Verantwortlichkeit, Beziehungsregulation
- Stressmanagement: Stresstoleranz, Impulskontrolle
- Anpassungsfähigkeit: Realitätstestung, Flexibilität, Problemlösen
- Generelle Stimmungen: Optimismus, Freude

Diese Kompetenzen können mit Hilfe von Maßnahmen zur Personalentwicklung, zum Beispiel durch Team-Supervision, betrieblich gefördert werden (s. ▶ Kap. 8).

2.5 Motivation

2.5.1 Einleitung

Beginnen möchte ich diesen Abschnitt mit einer kurzen Begriffsklärung von Motivation, Motiv, Instinkt und Trieb. Ziel hierbei ist es Ihnen zu zeigen, dass es verschiedene Perspektiven von Motivation und unterschiedliche Vorstellungen von innerer Dynamik gibt. Ein fundiertes Wissen wird Ihnen dabei helfen, sowohl die Handlungsmotive Ihrer Gäste, Kollegen und Vor-

Abb. 2.20 Motivation kann sehr verschieden aussehen (© iStockphoto/Thinkstock)

gesetzen besser verstehen zu können als auch sich selbst und Ihre Handlungen aus unterschiedlichen Blickwinkeln betrachten zu können.

Motivation (■ Abb. 2.20) bezieht sich auf das in Gang setzen, Steuern und Aufrechterhalten von körperlichen und psychischen Aktivitäten. Dabei spielen Ziele, Bedürfnisse, Wünsche, Intentionen und der Zweck eine wichtige Rolle.

Man unterscheidet intrinsische Motivation, bei der die Belohnung einer Handlung in der Handlungsausübung selbst liegt (beispielsweise eine Befriedigung über das eigene Arbeitsergebnis), und extrinsische Motivation, die zum Beispiel über Geld, Zuwendung, Lob und Sozialprestige wirkt.

Das Motiv hingegen ist die erworbene psychologische und soziale Handlungsbedingung.

Im Zusammenhang mit Motivation werden auch oft die Begriffe Instinkt und Trieb erwähnt. Als Instinkt bezeichnet man die bei allen Mitgliedern einer Art angeborene Fähigkeit, auf bestimmte innere Impulse oder Umweltreize mit einem typischen Verhaltensablauf zu reagieren. Bei den Trieben unterscheidet man Primärtriebe (Durst, Hunger, Sexualität) von Sekundärtrieben (Geld, Status, Macht, Erfolg).

In der psychologischen Literatur finden sich unterschiedliche Ansätze, die sich mit dem Thema Motivation beschäftigen. Es ist nicht Sinn und Zweck dieses Buches, alle Vorstellungen dazu ausführlich darzustellen. Dennoch möchte ich Ihnen einen kurzen Abriss über namhafte Motivationsforscher und einige wichtige Theorien geben. Ausführliche Informationen zum Thema Motivation finden Sie im Buch *Motivation und Handeln* von Jutta und Heinz Heckhausen (2010).

2.5.2 Die Triebtheorie von Sigmund Freud

Sigmund Freud (■ Abb. 2.21) gilt als Hauptvertreter der Triebtheorie.

Seine Theorie steht im Kontext eines biologischen Überlebensmodells, angelehnt an die Theorie von Charles Darwin. Nach seiner Vorstellung ist der Organismus bestrebt, ein inneres Gleichgewicht (Homöostase) herzustellen, wobei angelegte Bedürfnisse befriedigt werden wollen. So motiviert beispielsweise ein Mangel an Nahrung dazu, sich auf den Weg nach einer

2

☐ Abb. 2.21 Sigmund Freud (1856–1939) (© Anthony Baggett/iStock/Thinkstock)

Nahrungsquelle aufzumachen. Dies ist wohl auch einer der Hauptgründe, weshalb Gäste überhaupt zu Ihnen kommen. Sie haben Durst und sind körperlich oder sozial hungrig. Ziel dabei ist die Herstellung einer inneren Balance, einer sogenannten Homöostase, die eng mit dem Empfinden von Lust und Befriedigung einhergeht.

In Freuds Vorstellungen steht dem Organismus eine bestimmte psychische Energie zur Verfügung. Wird diese Energie gebunden (absorbiert), so steht sie anderen Prozessen nicht mehr zur Verfügung. In der Gastronomie könnte sich das zeigen, wenn beispielsweise ein Gast seine Aufmerksamkeit auf eine von ihm begehrte Frau an der Bar richtet. Dies könnte ein unbefriedigender Ausgangszustand sein, der psychische Energie bindet. Der Gast wäre dann motiviert zur Handlung, zum Beispiel auf die Frau zuzugehen und sie anzusprechen. Die Befreiung der Energie mit Erreichen des Ziels wäre der Lustgewinn. Das Gefühl der Befriedigung würde schließlich ausgelöst durch Botenstoffe (Neurotransmitter) im Gehirn, doch dazu später mehr.

2.5.3 Die Triebtheorie von Clark Hull

Auch Hull (1935–1993) ging wie Freud davon aus, dass die Spannungsreduktion das Ziel bei der Motivation zu einer Handlung ist. Er legte großen Wert auf kontrollierte Tierexperimente im Labor. Für ihn entsteht Handlung im Körper und ist unabhängig von Denkprozessen. In den 1920er Jahren des letzten Jahrhunderts begannen Forscher mit sogenannten Deprivationsversuchen. **Deprivation** bezeichnet den Entzug eines triebbefriedigenden Ereignisses. In einer Box wurden beispielsweise Mäuse depriviert, indem man ihnen die Nahrung entzog. Dann legten die Forscher ein Gitter mit Strom zwischen Maus und Futter. Das beobachtbare Ergebnis war, dass die Tiere bei stärkerer Deprivation auch stärkere Schocks auf sich nahmen, um an das Futter zu gelangen.

Ein weiterer Faktor ist der **Anreiz**. Riecht der Käse beispielsweise sehr gut, so wird die Maus auch höher motiviert. Dieses Verhalten lässt sich auch bei Gästen beobachten. Das Bedürfnis, eine Bar oder einen Freund aufzusuchen wird stärker, je länger man nicht dort war beziehungsweise den Freund nicht mehr gesehen hat.

Motivation zur Handlung baut sich auf und der Mensch wird bereit, eine bestimmte Handlung auszuführen. Beim Erreichen des Ziels entsteht befriedigte Lust. Ist die Bar geschlossen, entstehen statt Lust Frust und Ärger. In Folge dessen verschiebt der frustrierte Gast seine Aufmerksamkeit zum Beispiel auf eine andere Bar. Jetzt hätten Sie die Chance, solche Gäste als Stammgäste zu gewinnen, indem Sie deren Bedürfnisse zuvorkommend stillen.

2.5.4 Das Risikowahlmodell von Neil Atkinson

Neil Atkinson (1939) konzentrierte sich auf das Phänomen des Handlungswechsels. Im Gegensatz zu Freud ging er davon aus, dass der Mensch ständig seine Absichten ändert. Zur Berechnung einer **Motivationstendenz** (Te) benötigt man drei Variablen: Die **Wahrscheinlichkeit auf Erfolg** (We), den **Erfolgsanreiz** (Ae) und das **Motiv, Erfolg zu erzielen** (Me).

Die Gleichung lautet demnach: $Te = (We) \times (Ae) \times (Me)$

> **Beispiel:**
> Sind zur späten Stunde viele Gäste in Ihrer Bar, so kann ein eintreffender Gast darauf hoffen (We), dass er mit hoher Wahrscheinlichkeit noch ein Getränk (Ae) von Ihnen bekommt. Ist er aber der letzte Gast und Sie im Begriff Ihre Bar zu schließen, dann sinkt die Wahrscheinlichkeit (We) und damit seine Motivation, etwas zu bestellen.

🛈 Merke!
Eine Verhaltenshemmung und Demotivation des Gastes, aber auch eines Kollegen, kann durch eine »Furcht vor Misserfolg« begründet sein.

2.5.5 Die Feldtheorie von Kurt Lewin

Sicher kennen Sie den Effekt, dass Gäste dazu neigen, ein bestimmtes Getränk zu bestellen, weil auch die anderen aus der Gruppe, und somit aus dem Feld, es bestellen. Oder ein Gast steckt sich eine Zigarette an, nachdem sein Gegenüber sich eine angesteckt hat.

Die Theorie von Kurt Lewin (1942) beinhaltet viele Aspekte, die bereits von Freud und Hull vertreten wurden. In seiner Motivationstheorie nehmen zusätzlich auch **Gedanken und Vorstellungen** eine wichtige Rolle bei der Motivation von Handlung ein. Seine Grundannahme besagt, dass das Verhalten (V) einer Person durch sie selbst (P), aber auch durch das **Umfeld(U)**, in dem es auftritt, maßgeblich beeinflusst wird. Seine Formel lautet: $V = P \times U$.

🛈 Merke!
Das Umfeld kann die Motivation zur Handlung beeinflussen.

2.5.6 Die Theorie der kognitiven Dissonanz von Leon Festinger

Nach Leon Festinger (1957) sind Menschen grundsätzlich bestrebt, innere Konflikte zu vermindern. Entweder befindet sich ein Organismus im inneren Frieden (**Konsonanz**) oder er zeigt widersprüchliche Impulse oder Gedanken (**Dissonanz**).

Werden Handlungen eingefordert, die im Widerspruch zur eigenen Überzeugung stehen (z.B. Überstunden zu machen ohne ausgleichend dafür belohnt zu werden), kommt es zum Zustand der »inneren Dissonanz« beziehungsweise es entsteht ein Konflikt.

Nach der Konflikttheorie von Dollard & Miller (1939) ist der bedeutendste Konflikt der **Annäherungs-Vermeidungskonflikt**, d.h. es besteht eine Motivation hin zu einem Ziel bei gleichzeitigem Widerstand.

Ein weiterer Konflikt ist der **Annäherungs-Annäherungs-Konflikt (Appetenz-Appentenz-Konflikt)**, wenn gleichzeitig zwei positive Ziele bestehen. Wollen Sie beispielsweise auf eine Party und gleichzeitig läuft zum letzten Mal ein schöner Kinofilm, den Sie sehr gerne sehen würden, dann besteht ein Annäherungs-Annäherungs-Konflikt. Diesen Konflikt könnten Sie am ehesten lösen, indem Sie sich für eines der beiden Ziele entscheiden. Je näher Sie dann zum Beispiel dem Kino kommen, umso stärker wird dessen Anziehung werden. Ist der Film schön, werden Sie anschließend ein gutes Gefühl haben. Entspricht der Film nicht Ihren Erwartungen, werden sie sich wahrscheinlich ärgern, dass sie nicht auf die Party gegangen sind.

Haben Sie gleichzeitig zwei negative Ziele, zum Beispiel einen Zahnarzttermin und eine Vorladung zum Gericht, besteht ein **Vermeidungs-Vermeidungs-Konflikt (Aversions-Aversions-Konflikt)**. Je näher Sie einem Ziel kommen, umso unangenehmer wird es und umso angenehmer erscheint das andere.

Konflikte und deren Lösungen sind mitunter schwierig und können unsere psychische Energie binden. Oft entstehen Konflikte zwischen unseren Bedürfnissen einerseits und unseren moralischen Ansprüchen andererseits.

Beispiel für eine Konfliktlösung:
Sie kommen morgens um 7 Uhr von der Arbeit nach Hause und ein Freund ruft an und fragt, ob Sie ihm beim Umzug helfen können. Es entsteht ein Konflikt in Ihnen, da sie einerseits schlafen wollen, andererseits aber auch ein guter Freund sein und ihn nicht hängen lassen wollen. Eine mögliche Konfliktlösung bestünde darin, beide Seiten des Konflikts zu erkennen und zu würdigen. Sie könnten sagen:»Ich komme gerade aus dem Nachtdienst und brauche Schlaf, werde aber versuchen jemanden zu finden, der Dir solange helfen kann, bis ich heute Mittag komme«. Oder:»Ich gehe jetzt schlafen, aber bringe Dir heute Mittag etwas zu essen.«

❶ Merke!
Dissonanzen erzeugen Stress und binden Energie. Deshalb sollten Konflikte schnellstmöglich zufriedenstellend gelöst werden. So sollten auch Teamkonflikte vorrangig angesprochen und geklärt werden. Wenn Konflikte bestehen, vermindert sich die Arbeitsleistung und die Motivation und die Arbeitszufriedenheit sinken. Und Sie können sicher sein, dass Ihre Gäste es auch spüren. Daraus entstehende Arbeitsfehler und unnötige Arbeitshandlungen hätten durch das Lösen des Konflikts verhindert werden können (s. ▶ Kap. 7.2.1 und 7.2.2).

2.5.7 Die Zwei-Faktoren-Theorie von Frederick Herzberg

Nach der Zwei-Faktoren-Theorie von Frederick Herzberg (1959) existieren sogenannte **Zufriedenmacher**. Dies seien beispielsweise: eine Leistung vollbringen, Anerkennung finden, sich

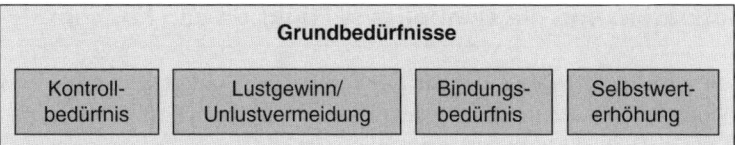

Abb. 2.22 Die Grundbedürfnisse nach © Epstein

verantwortlich fühlen und die Übernahme von interessanten Arbeiten. Dagegen wirken die **Unzufriedenmacher** eher demotivierend: ein negatives Verhältnis zu Kollegen und Vorgesetzten, eine arbeitnehmerfeindliche Unternehmenspolitik und negative äußere Arbeitsbedingungen.

ⓘ Merke!
Zufriedenmacher wirken sich in jeder Hinsicht auf die Gäste, den Service, die Vorgesetzten und auch auf den wirtschaftlichen Erfolg positiv aus.

2.5.8 Die Grundbedürfnisse nach Robert Epstein

Für Epstein (1990) lassen sich die Grundbedürfnisse (■ Abb. 2.22) des Menschen in folgende vier Kategorien zusammenfassen: In das Bedürfnis nach **Bindung**, nach **Kontrolle**, nach **Selbstwert** und nach **Lustgewinn** beziehungsweise **Unlustvermeidung**. Die Mangelbefriedigung einer Bedürfniskategorie führt zur Ausbildung von sogenannten Handlungsattraktoren, um die Bedürfnisse zu befriedigen. Bleibt die Befriedigung aus, so fühle sich der Mensch unwohl oder würde im schlimmsten Fall depressiv werden.

Beispiel:
- Ihr Partner verlässt Sie, was zu einer Störung der Bindungsbedürfnisse führt.
- Sie rufen bei ihm an, aber er/sie geht nicht ans Telefon, was zu einer mangelnden Befriedigung des Kontrollbedürfnisses führt.
- Vielleicht bevorzugt er/sie eine andere Person, was Sie vielleicht kränken und Ihren Selbstwert vermindern würde.
- Mit der gemeinsamen Lust und Freude ist es somit auch vorbei.

Kein Wunder, wenn Sie sich dann traurig fühlen würden. Manche ziehen sich in einer solchen Situation zurück und vermeiden andere Menschen. Zum Schutz vor Ablehnung und Kränkung kann dies kurzfristig schützen und auch nötig sein. Um sich jedoch wieder besser fühlen zu können, wird es langfristig unumgänglich und nötig sein, wieder aktiv auf Menschen zuzugehen. Um sich in seiner Haut wohl zu fühlen, bedarf es stabiler Bindungserfahrungen, der Kontrolle über sich und das eigene Leben, eines guten Selbstwerterlebens sowie der Steigerung von Lust beziehungsweise der Minimierung von Unlust.

ⓘ Merke!
Die meisten Menschen kennen den Zustand des Wohlbefindens. Deshalb ist eine Verbesserung der Befindlichkeit durch die Aktivierung von Ressourcen zu empfehlen. Bei der Ressourcenaktivierung geht es darum, wieder bedürfnisbefriedigendes Verhalten zu aktivieren und sich an die eigenen Stärken zu erinnern und Kompetenzen zu nutzen.

2

2.5.9   Motivation und die symbolische Funktion von Konsum

Das Konsumverhalten der Gäste lässt sich in vier Bereiche unterteilen. Einen **positionalen Konsum,** welcher durch die Anpassung des Gastes an eine bestimmte Gruppe, die zum Beispiel eine ganz bestimmte Marke bevorzugt, motiviert ist. Gleichzeitig unterscheidet man sich dadurch von einer unattraktiven Gruppe (Reisch 1995). Der **Kompetenzkonsum** ist motiviert durch die besondere Kenntnis eines Produkts, zum Beispiel Weinkenner zu sein (Bourdieu 1982). Ein **expressiver Konsum** verfolgt schließlich das Ziel, sich selbst und anderen zu zeigen, wer man ist und wie man verstanden werden möchte. Dies kann insbesondere in persönlichen Lebenskrisen sehr hilfreich sein. Ein **kompensatorischer Konsum** schließlich soll vorhandene Defizite ausgleichen, zum Beispiel man leistet sich bei Ärger ein gutes Essen.

2.5.10   Demotivation

In den meisten Fällen steht Demotivation in engem Zusammenhang mit dem Verhalten des unmittelbaren Vorgesetzten oder ist Folge einer körperlichen oder psychischen Belastung oder Störung, wie der Depression (s. ▶ Kap. 8).

Um demotivierendes Verhalten besser erkennen zu können, habe ich Ihnen im Folgenden einige Verhaltensweisen von Vorgesetzten aufgelistet, die sich demotivierend auf die Mitarbeiter auswirken können:
- zu wenig Zu- und Vertrauen
- zu viel Kontrolle
- zu wenig Flexibilität und Handlungsfreiheit
- Unterforderung
- Missachtung der Fähigkeiten
- Übergriffe in den Arbeitsbereich
- mehr Kritik als Lob
- mangelnde Diskretion und Verschwiegenheit

Dem gegenüber stehen Verhaltensweisen von Vorgesetzten, die sich positiv auf die Mitarbeiter auswirken können:
- Kenntnisse über Krisenmanagement
- klare Zielvorgaben
- Transparente Informationsvermittlung
- Sich als »Pate« anbieten und nicht als »Verfolger«
- klärende Gespräche
- kontinuierliche Fortbildung anbieten
- Demotivationsfaktoren abbauen

ⓘ Merke!
Der beste Schutz vor einem Burn-Out ist die soziale Unterstützung durch den Vorgesetzten und die Kollegen. Motivation wird grundsätzlich beeinflusst vom Grad an zugebilligter **Autonomie** durch den Arbeitgeber oder Vorgesetzen, von der erlebten **Verantwortlichkeit** für den Arbeitsablauf, von der Art der **Rückmeldung** über das Ergebnis, von dem **Einfluss auf Veränderung,** die Arbeit überblicken und beeinflussen zu können und von der Bedeutung beziehungsweise dem **Wert des Tuns**.

Persönlichkeitspsychologie

3

3.1   Einleitung

In vielen Gesprächen mit Hoteliers und Gastronomen ist mir immer wieder aufgefallen, dass »die Menschenkenntnis« ein wichtiges Element ihrer Arbeit ist. Die Klassifizierung in verschiedene Gästetypen scheint mir jedoch oft sehr uneinheitlich und willkürlich gewählt. Sicherlich lassen sich Menschen mit ähnlichen Merkmalen in Gruppen zusammenfassen, denen man dann eine »Typenbezeichnung« geben kann. Aber genau da liegt wohl das Problem: Jeder wählt seine eigene Bezeichnung. Meine Gesprächspartner und ich konnten uns über Gästetypen sehr gut unterhalten, benutzten jedoch regelmäßig unterschiedliche Begriffe, was verwirrend und verunsichernd wirkte und außerdem rein spekulativ war. Dennoch glaube ich, dass alle, mit denen ich im Laufe der Jahre gesprochen habe, mit all dem recht hatten, was sie an ihren Gästen wahrgenommen und beobachtet haben. Und ich möchte Sie an dieser Stelle ermutigen, sich Ihre Gäste auch zukünftig genau anzuschauen.

Das Fachgebiet, welches sich innerhalb der Psychologie mit »Typen« beschäftigt, wird **Differentielle Psychologie** oder **Persönlichkeitspsychologie** genannt. Persönlichkeitspsychologie beschäftigt sich mit der Beschreibung und Analyse von Merkmals- bzw. Persönlichkeitsunterschieden zwischen Menschen. Kein Gast kann jedoch »absolut« einem bestimmten Typus zugeordnet werden. Wir alle haben Neigungen und Tendenzen, in unterschiedlichen Situationen auch unterschiedlich zu reagieren. Dennoch gibt es Neigungen und Reaktionswahrscheinlichkeiten einer Person, in einer für sie typischen und bestimmten Weise zu reagieren.

Wenn Sie bereits andere Modelle, zum Beispiel aus dem Lehrbuch *Hotel und Gast* kennen gelernt haben, können Sie nun sehen, inwieweit Sie diese in den von mir vorgestellten Persönlichkeitstheorien wiederfinden. Ich weiß nicht, woher diese Autoren ihre Informationen bezogen haben. Ich persönlich orientiere mich an den Lehrbüchern zur Differentiellen Psychologie, aus denen ich Ihnen einen kleinen Ausschnitt zeigen werde, damit Sie einen guten Eindruck gewinnen, worum es innerhalb der Differentiellen Psychologie geht.

Innerhalb der Persönlichkeitsforschung werden unterschiedliche Merkmale einer Person wie zum Beispiel Ängstlichkeit, Intelligenz und Aggressivität untersucht. Als **Traits** (Dispositionen) werden zeitlich stabile, typische Merkmale einer Person bezeichnet. **States** hingegen sind zeitlich begrenzt auftretende Stimmungen beziehungsweise Zustände. Und als **Habits** bezeichnet man gelernte »Reiz-Reaktion-Einheiten« oder Gewohnheiten.

Wissenschaft ist ständig im Wandel, weshalb sich auch die Inhalte der Persönlichkeitspsychologie irgendwann wieder verändern werden. Dennoch haben bestimmte Aussagen auch nach Jahrzehnten noch ihre Gültigkeit behalten. Im Folgenden möchte ich Ihnen einen kurzen Überblick zu einigen Persönlichkeitstheorien geben, bevor ich später (s. ► Kap. 8.3) auf »schwierige Gästetypen« und Persönlichkeitsstörungen eingehen werde.

3.2   Persönlichkeitstheorien

Persönlichkeitsmerkmale fallen nicht vom Himmel, und kein Kind wird mit Schuldgefühlen oder als schwierige Person geboren. Viele Jahrzehnte wurde darüber diskutiert, ob Verhalten angeboren oder erlernt, d.h. eine Folge der Sozialisation sei. Heute weiß man, dass äußere Reize und soziale Einflüsse Gene ab- bzw. anschalten können und somit Nervenzellen und unser Gehirn beeinflussen (Bauer 2004). Die Merkmale werden zum größten Teil von den Eltern und der Gesellschaft anerzogen beziehungsweise entwickeln sich als Reaktion auf diese.

Der Blick auf Persönlichkeitsmerkmale spielte schon 1100 v. Chr. eine Rolle im alten China. Dort wurden Bewerber, je nach deren persönlichen Fähigkeiten in den **fünf Künste**n (Musizieren, Bogenschießen, Reiten, Schreiben, Rechnen) für den höheren Staatsdienst ausgewählt.

Von Hippokrates (ca. 460–370 v. Chr.) stammt die **Temperamentenlehre.** Er unterschied den **Sanguiniker** (emotional stabil, extrovertiert, fantasievoll, gesprächig, gut gelaunt und positiv im Denken), den **Phlegmatiker** (emotional stabil, introvertiert, eher gleichgültig), den **Melancholiker** (zur Traurigkeit neigend, schwermütig, verlässlich, kontrolliert) und den **Choleriker** (emotional instabil, extrovertiert, ungehalten, impulsiv, regt sich über alles auf, jähzornig, willensstark). Bis in die Gegenwart sind diese Temperamentsbegriffe überliefert und in der Alltagssprache zu finden.

Viele hunderte Jahre später verbreitete Franz Josef Gall (1758–1828) die »Lehre« von der **Phrenologie.** Gall wollte erkannt haben, dass Verhalten und Persönlichkeit von der Form des Schädels abhängig seien. Dies wurde später als nicht zutreffend verworfen.

Für Sigmund Freud (1856–1939) bestand die Persönlichkeit aus dem **Es,** dem **Ich** und dem **Über-Ich** (psychodynamischer Ansatz). Das »Es« sei unbewusst und beinhalte die ursprünglichen, biologischen Triebe in animalischer, nicht sozialisierter Form (s. ▶ Kap. 2.5.2). So wie ein Baby, das unmittelbar seine Bedürfnisse stillen und sofort alles haben will, funktioniere das »Es« nach dem Lustprinzip. Das »Über-Ich« sei die Instanz der moralisch ethischen Wertvorstellungen des Menschen, die er von seinen Eltern und der Gesellschaft übernommen habe. Dies sei teils bewusst und teils unbewusst. Das »Ich« sei schließlich die zentrale bewusste Entscheidungsinstanz, der Verwalter des bewussten Handelns und vermittle zwischen »Über-Ich« und »Es«, um die Verbindung zur Realität aufrechtzuerhalten (Realitätsprinzip). Freuds Beobachtungen und Leistungen sind wohl kaum zu überschätzen. Die von ihm entwickelte Psychoanalyse beruht auf einer ständigen Überarbeitung der psychoanalytischen Theorie, durch Freud selbst und seine Anhänger. Sie ist bis heute ein wirksames Verfahren in der Behandlung von psychischen Störungen.

Ernst Kretschmer (1888–1964) postulierte einen Zusammenhang zwischen Körperbautypen und Temperament (Typenlehre). Er unterschied vier Typen:

- **Pykniker:** neigt zu Übergewicht, mittelgroß, gedrungener Körperbau, Brustkorb unten breiter als oben. Er neige zur Depression, sei behäbig, gemütlich, gutherzig, gesellig, heiter, lebhaft bis hitzig oder auch still und weich.
- **Athletiker:** kräftiger Körperbau, breite Schultern, fröhlich dynamisch, lebhaft.
- **Leptosom:** hager bis dürr, lang, mit schmalem Brustkorb, zarten Armen und Beinen, empfindlich sensibles Temperament.
- **Dysplastiker:** erkennbar an einem Missverhältnis zwischen den Armen, dem Rumpf und den Beinen.

Mit zunehmendem Einzug der wissenschaftlichen Herangehensweise an die Persönlichkeitspsychologie wurde systematischer nach Persönlichkeitsmerkmalen geforscht. Aus den wissenschaftlichen Untersuchungen von Hans Jürgen Eysenck (1916–1997) gingen die folgenden Persönlichkeitsdimensionen hervor (eigenschaftstheoretischer Ansatz):

- **Extraversion** (gesellig, viele Freunde, ist ungern alleine, spontan, impulsiv) versus **Introversion** (ruhig, zurückhaltend, reserviert).

3

⬛ Tab. 3.1 The »Big Five«

1 Extraversion	gesprächig, freimütig, unternehmungslustig, gesellig	**versus**	schweigsam, verschlossen, zurückhaltend, zurückgezogen
2 Verträglichkeit	gutmütig, wohlwollend, freundlich, kooperativ	**versus**	grantig, missgünstig, starrköpfig, feindselig
3 Gewissenhaftigkeit	sorgfältig, zuverlässig, genau, beharrlich	**versus**	nachlässig, unzuverlässig, ungenau, sprunghaft
4 Emotionale Stabilität	ausgeglichen, entspannt, gelassen, stabil	**versus**	nervös, ängstlich, erregbar, körperlich wehleidig
5 Offenheit für Erfahrungen	kunstverständig, intellektuell, kultiviert phantasievoll	**versus**	kunstunverständig, ungebildet, ungeschliffen, fantasielos

- **Neurotizismus** (ängstlich, depressiv, gespannt, irrational, scheu, launisch, emotional, neigt zu Schuldgefühlen und körperlichen Beschwerden).
- **Psychotizismus** (aggressiv, kalt, egozentrisch, unpersönlich, impulsiv, antisozial, uneinfühlsam, kreativ, hartherzig).

Witkin (1972) fand die Persönlichkeitsmerkmale der **Feldabhängigkeit versus der Feldunabhängigkeit.** Diese beiden Merkmale beschreiben Typen, die dazu neigen sich mehr oder weniger schnell durch Umgebungsreize beeinflussen zu lassen.

Zuckermann (1984) untersuchte den Zusammenhang zwischen der Reaktion des Nervensystems und der Suche eines Individuums nach Neureizen. Als **Sensation Seeking** (Sensation suchend) bezeichnete er Personen, die sich erst dann wohlfühlen und eine optimale Aktivierung haben, wenn sie riskante Tätigkeiten wie zum Beispiel Extremsportarten ausüben. Sie zeigen oft einen nonkonformen Lebensstil, eine Ruhelosigkeit und eine erhöhte Abneigung gegen Langeweile.

Das **Fünf-Faktoren-Modell** von Goldberg (1990/92) ist eine aktuelle Weiterentwicklung der Arbeiten von Allport & Odbert (1936). Diese untersuchten 17.953 persönlichkeitsrelevante Begriffe aus dem Lexikon und gingen davon aus, dass es für wichtige Merkmale der Person auch viele unterschiedliche Worte geben müsse, die Ähnliches beschreiben. Alle Begriffe ließen sich auf 4.500 Kategorien und schließlich bis auf folgende fünf Hauptdimensionen der Persönlichkeit reduzieren (⬛ Tab. 3.1).

Diese fünf Faktoren bilden die Basis für viele aktuelle Persönlichkeitsanalysen und sind wissenschaftlich gut fundiert. Wenn Sie die Persönlichkeit einer Person zukünftig beschreiben möchten, so könnten Sie sich an den »Big Five« orientieren.

Aber auch andere Persönlichkeitsmerkmale sind Forschungsgegenstand der Persönlichkeitspsychologie. Einige möchte ich Ihnen noch kurz nennen. (Vertiefte Informationen dazu finden Sie im Buch von Jens B. Asendorpf (2007), *Psychologie der Persönlichkeit*).

Intelligenz: Hierfür gibt es keine eindeutige Definition. Eine alte Beschreibung besagt: »Intelligenz ist, was der Intelligenztest misst«. Im alltäglichen Sprachgebrauch werden unter Intelligenz kognitive Fähigkeiten, Auffassungsvermögen, schulische Leistungsfähigkeit sowie Denk- und Urteilsvermögen verstanden.

Kreativität: Die Fähigkeit, auf der Basis von Fertigkeiten Probleme zu lösen und Neues zu erschaffen. Wer intelligent sei, der sei nicht zwangsläufig kreativ, wer jedoch kreativ sei, der sei auch intelligent.

Represser versus Sensitizer: sind die zwei Pole eines Kontinuums. Represser leugnen oder vermeiden mit Gefahr verbundene Reize. Sensitizer suchen eher diese Reize.

Ängstlichkeit: Ein Persönlichkeitsmerkmal, welches zum Ausdruck bringt, wie stark eine Person in bestimmten Situationen mit Angst reagiert.

Aggression und Aggressivität: führen direkt oder indirekt zur Schädigung eines anderen oder von sich selbst. Voraussetzungen, um eine Handlung als aggressiv zu beurteilen:
1. Die Verhaltensweise schränkt die Verhaltensalternativen eines Gegenübers ein.
2. Beurteiler und Beobachter beurteilen die Handlung als aggressiv und nehmen diese als zielgerichtet wahr.

Um Persönlichkeitseigenschaften genauer erfassen zu können, wurden spezielle Persönlichkeitstests entwickelt, zum Beispiel das **MMPI** (Minnesota Multiphasic Personality Inventory), der **NEO-FFI** (NEO-Fünf-Faktoren-Inventar) oder das **FPI** (Freiburger Persönlichkeitsinventar). Diese Tests werden innerhalb der Forschung angewandt bei klinischen Fragestellungen oder im Rahmen der Personalauswahl. Vertiefte Informationen zu den Persönlichkeitstheorien (lerntheoretische, biografische, kognitive, interaktionistische, biologische, psychodynamische und eigenschaftsorientierte Ansätze) finden Sie in der einschlägigen Literatur, zum Beispiel bei Asendorpf (2007).

ⓘ Merke!
Aussagen zu Personen sind oft willkürlich und subjektiv. Seien Sie kritisch und fragen nach, auf welchen Quellen die Behauptungen basieren. Denn nichts ist bequemer und einfacher, als Vorurteile abzurufen und diese als wahr und absolut darzustellen. Dies hat dann aber nichts mehr mit prüfbaren und objektivierbaren Aussagen der Psychologie zu tun (s. ▶ Kap. 1).

Biologische Grundlagen der Hotel -und Barpsychologie

4.1   Einleitung

Das Leib-Seele-Problem ist seit Jahrtausenden Gegenstand der westlichen und östlichen Philosophie. Alle großen Denker haben sich damit beschäftigt, ob der Mensch eine Seele hat und ob diese unabhängig vom Körper existiert. Psychologie als Wissenschaft hat ihre Wurzeln in der Philosophie. Aufgrund zunehmenden physiologisch-psychologischen Interesses, besonders angeregt durch Wilhelm Wundt 1852 in Heidelberg, wurden die Grundlagen für eine nomothetisch (von griechisch *nomos* »Gesetz« und *thesis* »aufbauen«) ausgerichtete experimentelle Psychologie gelegt. 1903 wurde die »Gesellschaft für Experimentelle Psychologie« gegründet und 1904 in die »Deutsche Gesellschaft für Psychologie« umbenannt. Sie ist eine Vereinigung, die bis heute die in der Forschung und Lehre tätigen Psychologen vertritt.

Psychologische Phänomene wie Denken, Erinnern, Handeln usw. sind auf die intakten Funktionen unseres Gehirns angewiesen. Somit geht die heutige Psychologie nicht von einem Leib-Seele-Dualismus aus, sondern postuliert eine Wechselwirkung zwischen Gehirn und psychischer Aktivität. Ein Ausfall bestimmter Hirnregionen, zum Beispiel nach einem Schlaganfall, geht häufig auch mit einer psychischen Veränderung einher. So können Wahrnehmungsstörungen, Erinnerungs- und Benennungsstörungen auftreten bis hin zur Veränderung der Gesamtpersönlichkeit. Das wohl komplexeste Organ ist das menschliche Gehirn. Bereits kleinste Veränderungen in den Gehirnfunktionen können zu gravierenden Erlebens- und Verhaltensstörungen führen. Das Fachgebiet, welches sich innerhalb der modernen Psychologie mit der Grundlagenforschung und den Auswirkungen der Gehirnfunktionen beschäftigt, ist die »biologische Psychologie«. Weil das Gehirn die wichtigste Rolle bei der Entstehung psychischer Phänomene spielt, möchte ich Ihre Aufmerksamkeit in diesem Kapitel darauf lenken.

Das Fach der biologischen Psychologie beschäftigt sich u.a. mit den physiologischen Grundlagen psychischer Prozesse, insbesondere den Funktionen des Gehirns und des Nervensystems, sowie deren Störungen und Veränderungen. Bedenken Sie, dass es ohne Gehirn keine Gefühle, keine Gedanken und kein Verhalten gäbe. Deshalb möchte ich Ihnen im Folgenden eine kleine Einführung über das Gehirn und seine Funktionsweise geben. Anschließend werde ich auf einige Störungsbilder eingehen, deren Hintergründe und Auswirkungen in der Gastronomie von Bedeutung sind.

4.2   Das Gehirn

Unser Gehirn ist das wichtigste Zentrum für unsere Verhaltenssteuerung und die oberste Instanz unseres Nervensystems. Funktionen des Gehirns sind: die Regulation der inneren Vorgänge, Sinneswahrnehmung, Kontakt zur Umwelt, Bewegungssteuerung, Orientierung im Raum und die Anpassung an die Umwelt (Plastizität). Die Funktionsweisen sind geordnet und können nur durch die Gesetze der Biologie, Chemie und Physik verstanden werden (Zimbardo 2008).

Der menschliche Organismus besteht aus Milliarden von Zellen. Die körperlichen, aber auch die psychischen Funktionen sind dabei auf ein intaktes Zusammenspiel von Gehirn und Nervensystem angewiesen. Psychische Phänomene wie Gefühle, Denken, Gedächtnis und Verhalten sind ohne ihr organisches Substrat, das Gehirn, nicht möglich. In einer Metapher könnte man die Psyche mit der Software und das Gehirn mit der Hardware vergleichen. Ohne Gehirn keine psychischen Prozesse. Wer die psychischen Funktionen des Menschen studieren, analysieren und beeinflussen will, der benötigt zweifellos auch Sachverstand über die Funktionsweise der »Hardware«. Nie zuvor waren Erkenntnisse über das menschliche Gehirn so zahlreich wie heute. Während Gall (s. ► Kap. 3.2) noch versuchte, über die äußere Form des Schädels Rückschlüsse auf den Charakter einer Person zu ziehen, ist es heute mittels MRT (Magnet-Resonanz-Tomographie) und anderer Techniken möglich, das Gehirn direkt beim Arbeiten zu beobachten. Die Erkenntnisse aus der Hirnforschung liefern uns zunehmend ein tieferes Verständnis für die Entwicklung und Funktionsweise unserer Psyche.

Der griechische Philosoph Aristoteles (384–322 v. Chr.) vertrat die Auffassung, das Gehirn diene dem Kühlen des Blutes und habe ansonsten keine weitere Aufgabe. Generationen von Hirnforschern versuchen seitdem die Funktionsweise des Gehirns zu entschlüsseln. Bereits im alten Griechenland sahen Forscher das Gehirn als Ort der kognitiven Fähigkeiten. Genauere anatomische Forschungen fanden jedoch erst im späten 19. Jahrhundert statt. So wurden besonders kranke Gehirne und deren Funktionsausfälle, zum Beispiel nach Schusswunden und Verletzungen, Gegenstand der Forschung. Anhand von Funktionsausfällen ist es zunehmend gelungen, Rückschlüsse auf topographische Hirnareale zu ziehen. Wie in einem Puzzle gewannen die Forscher ein immer klareres Bild von den Gehirnarealen und deren Funktionen.

Das Gehirn ist wohl das komplexeste Gebilde des Universums, das man kennt. Erst im Alter von circa 20 Jahren ist es beim Menschen voll ausgewachsen und wiegt bei einem Mann circa 1.350 Gramm und bei einer Frau circa 1.200 Gramm. Es besteht aus circa 100 Milliarden Nervenzellen (Neuronen) und jedes Neuron hat jeweils circa 20.000 von ihm abgehende Verästelungen (Dendriten). Jede dieser Verästelungen hat über Kontaktstellen (Synapsen) Kontakt zu zahlreichen anderen Nervenzellen.

Anatomisch werden verschiedene Hirnteile unterschieden (◧ Abb. 4.1). Der größte und entwicklungsgeschichtlich jüngste Teil des Gehirns ist die **Großhirnrinde**. Die Rinde ist circa 2–5 mm dick und hat eine rechte und eine linke Hälfte. Ihr werden Funktionen wie Bewusstsein, Intelligenz, Willen, Gedächtnis, bewusste Bewegungsprozesse, Denken, Sprache und Planen zugeordnet. Was bewusst werden soll, muss zum Großhirn gelangen.

Das **Zwischenhirn** verarbeitet Impulse des übergeordneten Großhirns wie Tastsinn, Temperatur, Schmerzen, Sehen, Riechen, Wachheit, Affekte, Mimik, Gebärden usw. Ihm werden auch der Thalamus, der Hypothalamus und die Hypophyse zugeordnet. Dies sind wichtige Steuerzentren für unbewusste vegetative Prozesse, Kreislauf, Emotionen, Sexualität, Tag-Nacht-Rhythmik, Körpertemperatur, Hormone und Nahrungsaufnahme.

Das **Kleinhirn** ist verantwortlich für das Gleichgewicht und die Koordination von Bewegung. Das verlängerte Rückenmark steuert u.a. den Blutdruck, die Atmung, das Niesen und Husten sowie den Schluckvorgang. Entscheidungsprozesse werden letztlich auf der Grundlage abgespeicherter Erfahrungen vom gesamten Gehirn getroffen.

Das **Rückenmark** ist eine Ansammlung von Nervenbahnen, die Impulse aus dem Gehirn ins Körperinnere und zur Muskulatur leiten (Efferenzen). Andere Nervenbahnen leiten Informationen aus dem Körperinneren und der Peripherie zum Gehirn (Afferenzen).

Die meisten Funktionsabläufe im Gehirn sind uns nicht bewusst, und das ist auch gut so. Stellen Sie sich vor, wir müssten alles bewusst regulieren, zum Beispiel die Körpertemperatur, die Hormonsteuerung, den Blutdruck oder den Wärmehaushalt, wir würden nicht überleben, weil wir uns ständig verschätzen würden und damit völlig überfordert wären. Wenn etwas »aus dem Ruder läuft«, wird dies unserem Bewusstsein schnell in Form von Symptomen mitgeteilt, so dass

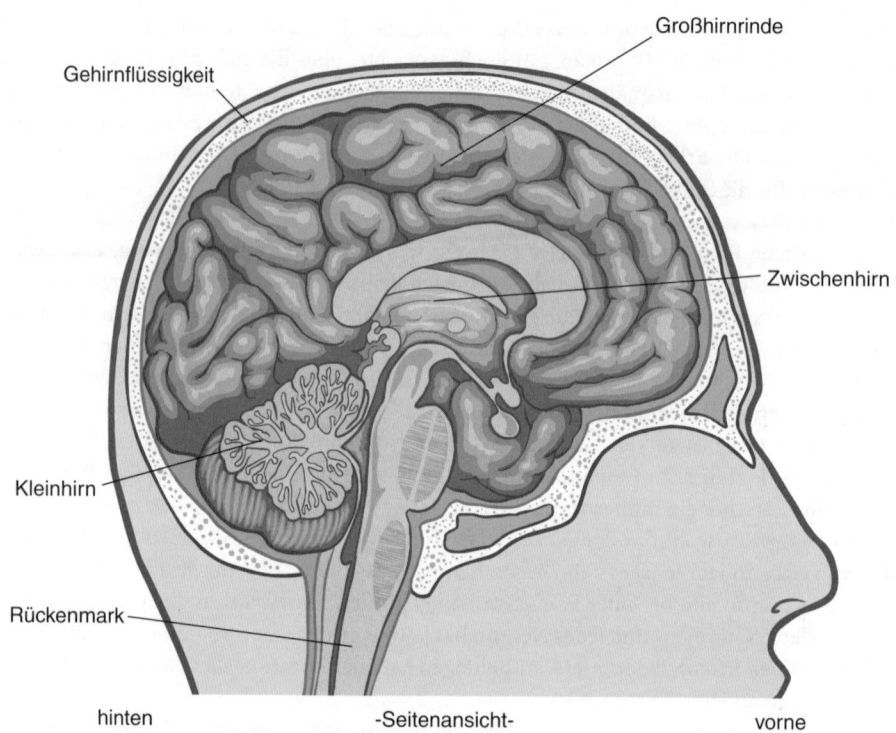

Abb. 4.1 Das Gehirn (© Oguz Aral/Shutterstock.com)

wir in den meisten Fällen entgegensteuern können. So führt eine zu niedrige Temperatur zu der bewussten Empfindung zu frieren, was dann in Folge zu einer Korrektur der Wärmezufuhr führt.

In jüngster Zeit kam jedoch zunehmend eine Diskussion über den »Freien Willen« auf, da Libet (1985) nachweisen konnte, dass vor einer Handlung bereits tiefer gelegene Gehirnbereiche Aktivitäten zeigten, bevor eine bewusste Entscheidung getroffen wurde. Kann der Mensch sich frei entscheiden oder wird er von unbewussten Prozessen gesteuert und bekommt erst dann mitgeteilt, was in tiefen unbewussten Regionen des Gehirns bereits entschieden wurde? So versuchen Werbestrategen unser Kaufverhalten neuerdings auf dem Hintergrund der Erkenntnisse aus der Hirnforschung zu beeinflussen. Mittels **Neuromarketing** soll zum Beispiel die Aufmerksamkeit der Kunden auf bestimmte Produkte gelenkt werden. Wer sich näher für dieses Thema interessiert, der findet vertiefte Informationen bei Held und Scheier (2006) oder bei Heusel (2006).

Die Frage, ob der Wille wirklich frei ist oder das Ergebnis einer Entscheidung, die durch hirnphysiologische Vorbedingungen schon festgelegt wird (determiniert), ist umstritten. Wie auch immer, es ist letztlich das eigene Gehirn, welches entscheidet. Es leuchtet dennoch ein, dass menschliche Entscheidungen auf der Grundlage von Erfahrungen und somit absehbar und oft »unfrei« und somit auch prognostizierbar sind. Es gibt Gäste, die immer das gleiche Getränk bestellen, ohne sich jedes Mal aufs Neue bewusst zu fragen, was sie denn gerne möchten. Ob diese Gäste in ihrem Verhalten dann tatsächlich frei sind, darüber ist sich die Wissenschaft noch nicht einig.

Unsere Gehirnfunktionen sind leicht aus dem Gleichgewicht zu bringen, was dann zu Funktionsstörungen führen kann. Wir alle kennen das und nutzen bestimmte Effekte schon als Kinder. Die Schaukel erzeugte ein leichtes Ziehen im Magen, der Drehkreisel auf dem Spielplatz machte uns schwindelig, die Achterbahn führte zu Angst usw. Es gibt unzählige Möglichkeiten, unser Gehirn in seiner Funktionsweise zu beeinflussen und zu stören. Überarbeitung führt zu Müdigkeit und zur Störung der Konzentration. Um dies auszugleichen, trinken manche Kaffee oder nehmen Aufputschmittel. Ohne genügend Schlaf geht es dennoch nicht! Die Natur fordert, was sie benötigt, und wer das längerfristig ignoriert, zahlt dafür manchmal einen hohen Preis.

Das alte lateinische Sprichwort »Mens sana in corpore sano« (ein guter Geist in einem gesunden Körper) kommt nicht von ungefähr, sondern ist Ausdruck einer guten Beobachtung und tiefen Wahrheit. Dennoch verhalten sich Menschen manchmal so, als könnten sie die Gesetzmäßigkeiten, denen wir letztlich alle unterliegen, überwinden und außer Kraft setzen, oft mit fatalen Folgen.

Wer in der Gastronomie arbeitet, der kommt langfristig an Gästen, die versuchen, ihre Biologie zu überwinden und außer Kraft zu setzen, nicht vorbei. Es sind die Rauschtrinker und Drogenkonsumenten, die zum Teil gewohnheitsmäßig und missbräuchlich, aber aufgrund von Abhängigkeit und Sucht, auffällig werden. Die Folgen sind Selbst- und/oder Fremdgefährdung und oft vorhersehbar.

Deshalb muss meines Erachtens das Thema »Drogen« in ein psychologisches Lehrbuch für Hotellerie und Gastronomie mit aufgenommen werden. Wenn Sie sich nicht bereits schon selbst über Drogen informiert haben, dann haben Sie nun die Möglichkeit dazu. Ich habe keinen Anspruch auf Vollständigkeit, sondern möchte vielmehr dazu anregen, das Thema nicht auszublenden. Genauere Informationen dazu finden Sie auch in diversen Büchern und auf vielen Internetseiten, so zum Beispiel über das Ministerium für gesundheitliche Aufklärung (www.bmg.bund.de oder www.a-connect.de).

4.3 Sucht

»Drogen und Suchtmittel verursachen in Deutschland erhebliche gesundheitliche, soziale und volkswirtschaftliche Probleme: Nach repräsentativen Studien rauchen 16 Millionen Menschen, 1,3 Millionen Menschen sind alkoholabhängig, 1,4 Millionen Menschen sind von Medikamenten abhängig. 600.000 Menschen weisen einen problematischen Cannabiskonsum auf, 200.000 Menschen konsumieren illegale Drogen und bis zu 400.000 Menschen gelten als glücksspielsüchtig. Es ist davon auszugehen, dass eine zunehmende Zahl von Internetnutzern onlineabhängig ist.« (Quelle: Bundesministerium für Gesundheit http://www.bmg.bund.de/praevention/gesundheitsgefahren/sucht-und-drogen.htm, abgerufen am 29.03.2012l)

4.3.1 Nicht stoffgebundene Süchte

Wohlbefinden wird in unserem Gehirn erzeugt. Hierzu stehen unterschiedliche körpereigene Stoffe, sogenannte Endorphine (morphinähnliche Substanzen) zur Verfügung. Sie haben Einfluss auf das Schmerzempfinden, den Hunger, die Sexualität und können Euphorie auslösen.

In Folge der Informationsgesellschaft und ihrer technischen Errungenschaften treten auch zunehmend Spiel- und Internetsucht auf. Diese Süchte haben einen engen Bezug zu dem sogenannten Belohnungssystem des Menschen. Belohnende Erfahrungen, die im wahren Leben oft Tage oder Wochen dauern können, sind mittels Geldautomaten und PC-Spielen innerhalb von wenigen Minuten erzielbar. Dieses schnelle Erleben von Belohnungen führt u.a. dazu, dass das Gehirn die zum Belohnungserleben führenden Reize wiederholen will, was schließlich in die Sucht führen kann.

So verbringen schon Kinder und Jugendliche bis zu zehn Stunden täglich am PC und vernachlässigen ihre Nahrungsaufnahme, sozialen Kontakte und notwendigen Pflichten. Aber auch Erwachsene verbringen regelmäßig und oft über Stunden ihre Zeit an Spielautomaten, obwohl sie wissen, dass sie langfristig verlieren werden. Pathologisches Spielen zählt zu den nichtgebundenen Süchten und kann diagnostisch als eine Störung der Impulskontrolle verstanden werden. Aufgrund unrealistischer Wünsche und Erwartungen kommt es anfangs oft zu einem übersteigerten Optimismus und damit zur Steigerung der Spielfrequenz und der Höhe des Einsatzes. Um entstandene Verluste auszugleichen, werden immer höhere Beträge eingesetzt, was wiederum den Verlust erhöht. Häufig werden Gewinne als Sieg über die statistische Wahrscheinlichkeit und die Maschine gefeiert, und Verluste werden im Sinne von Denkfehlern (s. ▶ Kap 2.2.3) ausgeblendet.

Pathologisches Spielen kann zu sozialer Isolation, mit Entfremdung von Familie und Freunden, zu wirtschaftlichen Folgen mit hohen Schulden bis zur Kriminalität und zu Persönlichkeitsveränderungen mit Depression und Suizid führen.

Während ich diese Zeilen schreibe, geht die Meldung durch die Nachrichten, dass sich ein Schiedsrichter in seinem Hotelzimmer das Leben nehmen wollte. Glücklicherweise wurde er noch rechtzeitig von Kollegen gefunden und in eine Klinik gebracht. Nicht immer geht es so glimpflich aus: So kann es vorkommen, dass Sie auf die Toilette gerufen werden, wo ein Gast nach dem Konsum von Drogen tot oder lebensbedrohlich zusammengebrochen ist. Oder, dass Sie beim Öffnen des Hotelzimmers mit dem Anblick einer Leiche konfrontiert werden. Nicht selten sind Drogen oder Suizid hierfür die Ursache.

Ich weiß, dass der Konsum von Drogen in der Gastronomie häufig geduldet, das Wissen darüber ausgeblendet und das Sprechen darüber tabuisiert wird. Deshalb ist es mir ein Bedürfnis, nicht das Gleiche zu tun und in diesem Kapitel auf die Gefahren, die von Drogen ausgehen können, einzugehen und hinzuweisen.

Psychologie in der Gastronomie bedeutet hinzuschauen, wie es wirklich ist und nicht wie ich es gerne sehen würde. Die meisten Betriebe sind sicher vorbildlich im Umgang mit alkoholisierten Gästen. Dennoch gibt es immer wieder schwarze Schafe und es können Ihnen auch Kollegen und Vorgesetze begegnen, bei denen Süchte vorliegen und hinter deren Rücken es heißt: »Der ist selbst sein bester Gast«.

Im Folgenden möchte ich Ihnen einen kurzen Überblick über Alkohol und Drogen geben. Diesen Substanzen ist gemeinsam, dass sie alle eine unmittelbare Wirkung auf Nervenzellen und somit auf die gesamten Gehirnfunktionen haben. Sie beeinflussen und verzerren die Wahrnehmung, die Emotionen, Handlungsabläufe und alle kognitiven Prozesse.

4.3.2 **Alkohol**

Ein verantwortlicher Umgang mit alkoholischen Getränken sollte für jeden verantwortungsbewussten Fachmann eine Selbstverständlichkeit sein. Hierzu gehören u.a. auch die Kenntnis

◻ Tab. 4.1 Riskanter Alkoholkonsum und alkoholbezogene Störung				
	Gesamt %	Männer %	Frauen %	N = Anzahl der Personen
Riskanter Alkoholkonsum				
>12/24 g Reinalkohol pro Tag	18,3	20,9	15,6	9.500.000
>20/30 g Reinalkohol pro Tag	11,4	15,0	7,5	5.900.000
Alkoholbezogene Störungen				
Missbrauch (DSM-IV)	3,8	6,4	1,2	2.000.000
Abhängigkeit (DSM-IV)	2,4	3,4	1,4	1.300.000
(Stand: 31.12.2005. Quelle: Statistisches Bundesamt. Aus: Kraus, Pabst, Piontek & Müller 2010)				

der Symptome einer Alkoholwirkung, die Beachtung des Jugendschutzgesetzes (z.B. keine Spirituosen an Minderjährige) und kein Alkoholausschank an betrunkene Gäste.

Natürlich möchte jeder Gastronom sein Geschäft machen, aber insbesondere Jugendliche brauchen den besonderen Schutz des Profis. Ein gutes Lokal zeichnet sich durch einen stilvollen Genuss sowie durch ein gut ausgebildetes und verantwortungsbewusstes Personal aus und nicht durch die Anzahl betrunkener Gäste.

Die Aufnahme von Alkohol beginnt bereits und sehr schnell durch die Mundschleimhaut. Im Magen-Darm-Bereich wird die Alkoholaufnahme besonders durch Alkohol in warmen Getränken und mit Zusatz von Kohlensäure und Zucker beschleunigt. Die Aufnahme von Speisen kann zu einer verlangsamten Aufnahme von Alkohol führen. Entgegen der Meinung vieler Menschen gibt es keine Möglichkeit, den Alkohol im Körper beschleunigt wieder loszuwerden. Wer das dennoch behauptet, der spricht von einem subjektiven Empfinden. Derjenige, der mehr verträgt, hat höchstwahrscheinlich eine andere Körperstatur oder eine Toleranzentwicklung des Nervensystems. Pro Stunde wird circa 1 Gramm Alkohol pro Kilogramm Körpergewicht abgebaut und durch den Zusatz von Zucker und Fuselölen verlangsamt. Wer mehr trinken kann, der »muss« auch mehr trinken und bezahlt mehr, bis er die Wirkung merkt. Von den höheren schädlichen Nebenwirkungen im Körper ganz abgesehen. Der sogenannte Kater am nächsten Tag entsteht dabei nicht durch den Alkohol, sondern durch das Abbauprodukt Acetaldehyd.

Die Abhängigkeitserkrankungen zeigen einen genetisch und familiär bedingten Zusammenhang auf. Bei der zur Sucht neigenden Persönlichkeit finden sich tendenziell eine verminderte Frustrationstoleranz, ein erhöhter Reizhunger, Stimmungslabilität sowie häufig eine »broken home«-Situation, d.h. eine problematische Familiensituation.

Die oben dargestellten Daten (◻ Tab. 4.1) basieren auf den Erhebungen des Epidemiologischen Suchtsurveys 2006.

Demzufolge konsumieren insgesamt 9,5 Millionen Menschen Alkohol in gesundheitlich riskanter Weise (als Frau täglich mehr als 12 Gramm, als Mann mehr als 24 Gramm Reinalkohol).

Von den 9,5 Milionen riskant Konsumierenden zeigen 3,3 Millionen alkoholbezogene Störungen: Nach den Diagnosekriterien des DSM-IV gibt es 2,0 Millionen »missbräuchlich Konsumierende« und 1,3 Millionen »Abhängige von Alkohol«.

4

◘ **Abb. 4.2** Alkoholwirkung (© Photodisc/Thinkstock)

Um die Diagnose der »Abhängigkeit« (nach ICD-10) stellen zu können, müssen mindestens drei der folgenden Kriterien erfüllt sein:

- Starkes Verlangen nach der Droge
- Verminderte Kontrollfähigkeit (Beginn, Menge, Ende des Trinkens)
- Körperliches Entzugssyndrom bei Absetzen der Droge
- Toleranzentwicklung (Dosissteigerung)
- Vernachlässigung anderer Interessen
- Anhaltender Substanzmissbrauch trotz Nachweis schädlicher Folgen

◘ Abb. 4.2 zeigt, wie sich übermäßiger Alkoholkonsum auswirken kann.

◘ **Abb. 4.3** Historisches Trinkgelage (© iStockphoto/Thinkstock)

»Zwischen 1980 und 2005 hat sich die Zahl der jährlich an alkoholbedingten Krankheiten Verstorbenen in Deutschland von 9.042 auf 16.329 erhöht. Damit liegt die absolute Zahl der alkoholbedingten Sterbefälle inzwischen auf einem höheren Niveau als die der Sterbefälle durch vorsätzliche Selbstbeschädigung und tödliche Verkehrsunfälle zusammen«. (Quelle: https://www.destatis.de/DE/Publikationen/WirtschaftStatistik/Gesundheitswesen/AlkoholSterbefaelle.html, abgerufen am 30.03.2012).

Als **episodisches Rauschtrinken** wird der Konsum von fünf oder mehr Gläsern Alkohol zu einer Trinkgelegenheit bezeichnet. Wie das Statistische Bundesamt (Nr.004 vom 29.01.2008) auf Basis vorläufiger Ergebnisse mitteilt, wurden 2006 insgesamt 19.500 Kinder, Jugendliche und junge Erwachsene zwischen 10 und 20 Jahren aufgrund akuten Alkoholmissbrauchs (»akute Alkoholintoxikation«) stationär im Krankenhaus behandelt. Dies ist doppelt so hoch wie im Jahr 2000 (+ 105%). (Quelle: Pabst 2008)

Der Verzehr und Genuss von Alkohol ist kulturabhängig. Nach Lindenmeyer (2001) gibt es unterschiedliche Trinkkulturen. Zu den sogenannten **gestörten Trinkkulturen**, die gekennzeichnet sind durch einen Mangel an Regeln im Umgang mit Alkohol, gehören Länder wie Russland, England, Deutschland und die USA, in denen oft bis zum Umfallen getrunken wird. Zu den **Trinkkulturen** gehören die Saaten um das Mittelmeer wie Frankreich, Spanien und Griechenland, in denen auch Kinder oft mittags zum Essen ein wenig Wein trinken. Hier gibt es aber bestimmte Regeln im Umgang mit der Situation und der Menge an Alkohol. Schließlich gibt es die **Abstinenzkulturen** wie Saudi-Arabien, Lybien, Iran und andere, v. a. auch muslimische Länder, in denen nicht getrunken wird. Wer trinkt, fällt auf, und wer sich betrinkt gilt als willensschwach. ◘ Abb. 4.3 zeigt ein historisches Beispiel für ein »Trinkgelage«.

4

◘ Tab. 4.2 Alkoholgehalt verschiedener Getränke

Getränk	Alkoholgehalt	Menge	reiner Alkohol
Wein	ca. 11 Vol%	0,1 l	ca. 8,0 g
Bier	ca. 5 Vol.%	0,1 l	ca. 8,0 g
Sekt, trocken	ca. 10 Vol.%	0,1 l	ca. 8,0 g
Wermut	18 Vol.%	0,1 l	14,4 g
Eierlikör	20 Vol.%	2,0 cl	3,2 g
Fruchtlikör	30 Vol.%	2,0 cl	4,8 g
Korn	32 Vol.%	2,0 cl	5,0 g
Kräuterlikör	33 Vol.%	2,0 cl	5,2 g
Obstler	35 Vol.%	2,0 cl	5,6 g
Weinbrand	40 Vol.%	2,0 cl	6,4 g
Whiskey	50 Vol.%	2,0 cl	8,0 g
Calvados	55 Vol.%	2,0 cl	8,8 g

(Quelle: www.neuro24.de/alkoholismus.htm, abgerufen am 30.03.2012. Mit freundlicher Genehmigung)

Verstehen Sie dies bitte tendenziell und nicht absolut. Es gibt natürlich in allen Ländern Abstinenzler und Alkoholiker. Dennoch gibt es deutliche kulturelle Unterschiede. Die Dosis, bei der Alkohol auf den Körper schädlich wirkt, beträgt für Männer 24 Gramm/Tag und für Frauen 12 Gramm/Tag. Dies entspricht circa zwei Gläsern Bier oder einem Glas Wein. Den Alkoholgehalt einiger verschiedener Getränke listet ◘ Tab. 4.2 auf.

Alle oben genannten Getränke und Spirituosen stören die Funktion der Gehirnzellen, wobei geringste Mengen an Alkohol eher anregend und euphorisierend wirken, und der vermehrte Konsum zu einer Hemmung der Nervenaktivität führt. Dies kann bis zum völligen Zusammenbruch der Kreislauf- und Organfunktionen führen.

Alkohol und Sexualität

Kleine Mengen Alkohol führen zur Enthemmung und fördern aggressives Verhalten und Streitlust. Bei der Frau verbessert sich der Genuss des Vorspiels, des Wohlgefühls und die Empfindung des Orgasmus. Der Mann wird schneller erregt und hat eine bessere Kontrolle der vorzeitigen Ejakulation. Bei größeren Alkoholmengen verlängert sich die Phase bis zur Erektion und die Dauer der Erektion verkürzt sich. Die Frau bekommt Probleme mit der Befeuchtung und dem Orgasmus. Große Mengen an Alkohol führen zu erektiler Impotenz beim Mann, zur mangelnden Scheidenbefeuchtung bei der Frau und zur temporären Anorgasmie bei beiden. Durch chronischen Alkoholkonsum kann es bei der Frau zur Amenorrhoe, Frigidität und Unfruchtbarkeit kommen. Beim Mann kann es zum Verlust der Möglichkeit sich sexuell zu befriedigen, zu erektiler Impotenz, einem verminderten Testosteronspiegel mit Verweiblichung, Brustentwicklung, dem Nachlassen des männlichen Haarwuchses und zu Unfruchtbarkeit kommen. (Quelle: www.neuro24/alkoholismus.htm. Verwendet mit freundlicher Genemigung).

Alkoholikertypen nach Jellinek

Eine auch heute noch weit verbreitete und gebräuchliche Klassifizierung von Alkoholikertypen sowie eine Beschreibung des Verlaufs der Alkoholerkrankung gehen auf die Untersuchungen von Jellinek (1960) zurück. Nach ihm werden die folgenden Alkoholtypen unterschieden:

- **Alpha-Typen** (Konflikttrinker) trinken Alkohol, um ihre inneren Spannungen und Konflikte zu reduzieren. Je höher die erlebte Konfliktspannung ist, umso mehr müssen sie trinken. Hierbei besteht die Gefahr eines chronifizierten Gebrauchs und einer nachfolgenden Suchtentwicklung.
- **Beta-Typen** (Gelegenheitstrinker) trinken in gesellschaftlichen Situationen und dann viel. Auch hier besteht die Gefahr eines chronifizierten Gebrauchs und einer nachfolgenden Suchtentwicklung.
- **Gamma-Typen** (süchtiger Trinker) sind Alkoholiker. Sie zeigen eine Toleranzentwicklung und können längere Zeit abstinent sein. Doch wenn sie trinken, dann finden sie keine Grenze. Sie »saufen« bis zum Vollrausch mit Kontrollverlust.
- **Delta-Typen** (Gewohnheitstrinker) sind ebenfalls Alkoholiker. Sie haben die Fähigkeit zur Abstinenz verloren. Um Entzugssymptomen vorzubeugen, benötigen sie Tag und Nacht einen kontinuierlichen Alkoholspiegel im Blut. Dieser kann anfänglich gering sein. Sogenannte Spiegeltrinker bleiben lange sozial unauffällig, entwickeln jedoch eine starke körperliche Sucht mit Folgeschäden.
- **Epsilon-Typen** (episodische Trinker) sind ebenfalls alkoholkrank. Sie trinken in bestimmten Intervallen (über Tage bis Wochen) sehr viel, bis zum Vollrausch mit Kontrollverlust. Die Phasen wechseln dann mit Phasen der Abstinenz, die über Monate andauern können, ab.

Nach Babor et al. (1992) gibt es viele Übergangs- und Mischformen, wobei sich nur die Gamma- von den Delta-Typen deutlich unterscheiden.

In Ergänzung zu Jellinek beschreibt Cloninger (1981) noch zwei weitere Alkoholtypen. Die **Typ-I-Alkoholiker** sind demnach von ihrem Milieu geprägt, wobei Alkohol als Belohnung (Verstärker) eingesetzt wird. Es gibt verschiedene Verläufe, die je nach sozialem Status schwerer oder leichter verlaufen können. Die Betroffenen sind wenig risikobereit und leiden häufig unter Depressionen und Ängsten. Der **Typ- II-Alkoholiker** hingegen ist nach Cloninger stärker ausgeprägt als Typ I, stark genetisch beeinflusst und kommt nur bei Männern vor. Da er sich schon vor dem 25. Lebensjahr manifestiert, ist die Prognose eher schlecht. Die Betroffenen neigen häufig zu antisozialem Verhalten und zeigen eine erhöhte Risikobereitschaft. Nach Hill (1992) gibt es darüber hinaus noch den **Typ-III-Alkoholiker**, welcher auch starke genetische Bezüge aufweist, sich jedoch nicht antisozial verhält. Die zeitliche Entwicklung der Alkoholkrankheit verläuft nach Jellinek in vier Phasen. Sie beginnt mit einer **präalkoholischen Phase,** die durch Erleichterungstrinken gekennzeichnet ist. Hierbei nimmt die Verträglichkeit für Alkohol zu. Darauf folgt die **Prodromalphase,** in der zum Beispiel das erste Glas Bier oder Wein schnell getrunken wird. Es kommt zu beginnenden Gedächtnisstörungen und es wird alleine und heimlich getrunken. In der **kritischen Phase** kommt es zunehmend zum Kontrollverlust über die Trinkmenge, zu einer Isolierung und einer körperlichen Abhängigkeit mit Folgeschäden. Häufig werden Ausreden und Erklärungen gesucht, um sich zu rechtfertigen. In der **chronischen Phase** trinkt der Betroffene dann auch schon morgens, bis zum Vollrausch. Die Konzentrations- und Gedächtnisprobleme werden stärker. Beim Absetzen der Alkoholzufuhr können Entzugserscheinungen mit Schlafstörungen, Beeinträchtigung des Denkens, Zittern, morgendlichem Trinken, Schweißausbrüche und Delir auftreten. Die Alkoholtoleranz sinkt und es können Organschäden an Leber, Bauchspeicheldrüse, Herz-Kreislauf, Gehirn, Nerven und Nieren auftreten. Die Folgen sind ein körperlicher, seelischer und sozialer Verfall mit einem amnestischen Syndrom und Tod.

Das **amnestische Syndrom** (Korsakov-Syndrom) ist eine Störung des Kurzzeitgedächtnisses sowie eine Störung des Zeitempfindens mit Gedächtnislücken. Es führt zu einer Veränderung der Persönlichkeit, wobei die Betroffenen zum Beispiel unwahre Aussagen machen oder Geschichten erzählen (Konfabulationen).

Kritisch zu Jellineks Verlaufskonzept äußerten sich Vaillant (1983) und Lindenmeyer (2006). Das Verlaufskonzept sei nicht empirisch belegt, zu geradlinig und nicht aufhaltbar, obwohl es in den Grundzügen stimme.

❶ Merke!
Ein Mensch leidet nie unter einem Mangel an Alkohol, es sei denn, er ist alkoholkrank.

4.3.3 Tabak

Christoph Columbus (1451–1506) war es wohl, der den Tabak mit nach Europa brachte. Würde er erst heutzutage entdeckt und auf Nebenwirkungen untersucht, so würde er wegen seiner gesundheitlichen Nebenwirkungen sicherlich keine Zulassung bekommen. Tabak wird wegen des Nikotins und seiner beruhigenden, aber auch anregenden Wirkung hauptsächlich als Zigarette, Zigarillo, Zigarre und in einer Pfeife geraucht. Der regelmäßige Konsum führt zu psychischen und körperlichen Folgeschäden. Derzeit ist ein leichter Rückgang des Rauchens von 1.654 Zigaretten (1995) auf 1.055 Zigaretten (2009) des Pro-Kopf-Verbrauches zu verzeichnen. (Quelle: Statistisches Bundesamt 2010 a,b).

Die von Gästen neben dem Alkohol am häufigsten konsumierten Drogen sind Cannabis, Kokain und synthetische Drogen.

4.3.4 Illegale Drogen

»Die sogenannten legalen Drogen wie Alkohol, Tabak oder Medikamente verursachen weit mehr Krankheits- und Todesfälle in Deutschland als die illegalen Drogen. Wie das Statistische Bundesamt (Destatis) zum »Internationalen Tag gegen Drogenmissbrauch« am 26. Juni 2008 mitteilt, sind im Jahr 2006 insgesamt 534.622 Patientinnen und Patienten vollstationär infolge des Konsums von legalen Drogen wie Alkohol und Tabak sowie infolge des Missbrauchs pharmazeutischer und chemischer Produkte behandelt worden. Illegale Drogen wie unter anderem Heroin, Kokain, Opium und Cannabis waren hingegen in 38.164 Fällen verantwortlich für einen Krankenhausaufenthalt. Darüber hinaus sind aufgrund von alkoholbedingten Krankheiten und Krebserkrankungen, die mit dem Rauchen in Verbindung gebracht werden können, im Jahr 2006 insgesamt 57.900 Personen verstorben. Die Zahl der durch illegalen Drogenkonsum Verstorbenen beläuft sich auf insgesamt 1.466 Personen« (Quelle: http://www.presseportal. de/pm/32102/1216161/zahl-der-woche-mehr-kranke-und-tote-durch-legale-drogen-als-durch-illegale-drogen, abgerufen am 30.03.2012).

Cannabis

Cannabis wird hauptsächlich geraucht und führt bei regelmäßigem Konsum zu einer leichten bis starken psychischen Abhängigkeit. Im Rausch kommt es zu einer Veränderung der Eigen- und Fremdwahrnehmung. Symptome wie ein verzerrtes Zeitgefühl, eine Veränderung von Gerüchen, Farben, Formen, Geräuschen, Musik und ein verändertes Lachen können auftreten. Beim Abklingen des Rausches haben die Betroffenen häufig Lust auf süße Speisen. In Folge eines chronischen Gebrauchs können die Konsumenten im Alltag sehr passiv und gleichgültig werden, mit allen daraus resultierenden sozialen und wirtschaftlichen Folgeerscheinungen.

Kokain

»Im Laufe des letzten Jahrzehnts wurde Kokain zum am häufigsten konsumierten Stimulans in Europa, wenngleich hohe Konsumraten nur in einer begrenzten Anzahl an Ländern vorherrschen. Es wurde angemerkt, dass diese Substanz unter anderem aufgrund ihres Images so anziehend wirkt, denn Kokain wird häufig als Teil eines »Jetset-Lebensstils« dargestellt. Die Realität des regelmäßigen Kokainkonsums ist jedoch eine andere. Das positive Image wird möglicherweise zunehmend durch das wachsende Bewusstsein für kokainbedingte Probleme in Frage gestellt, die sich in Notfallbehandlungen im Krankenhaus, Todesfällen und Behandlungsanfragen im Zusammenhang mit dieser Droge ausdrücken«. (Quelle: Europäische Beobachtungsstelle für Drogen und Drogensucht, Jahresbericht 2011). Ein anschauliches Beispiel für den Gebrauch von Kokain zeigt ▣ Abb. 4.4.

Kokain führt schnell zu einer starken psychischen Abhängigkeit. Die Konsumenten zeigen eine gesteigerte Leistungsfähigkeit und eine gehobene Stimmung bis hin zur Euphorie, Halluzinationen sind nicht selten. Sie haben im Rauschzustand oft keinen Hunger und verspüren auch kein Müdigkeitsgefühl. Nach dem Abklingen des Rauschs folgen häufig Depressionen und paranoide Symptome wie Verfolgungs- und Beziehungswahn. Körperlich können sich Puls und Körpertemperatur erhöhen.

Synthetische Drogen

Ecstasy steht als Überbegriff für viele künstlich hergestellte Amphetamine, die als Tabletten oder Kapseln eingenommen werden. Es kommt zu einer antriebsteigernden und auch halluzinogenen Wirkung, da es ähnlich wie Meskalin wirkt. Im typischen Rausch sind die Konsumenten enthemmt und suchen die Nähe zu anderen Menschen, weshalb Ecstasy auch als »Kuscheldroge« bezeichnet wird. Des Weiteren können Wahrnehmungsveränderungen und Halluzinationen verschiedenster Art auftreten. Körperlich kommt es zu den verschiedensten vegetativen Symptomen wie Mundtrockenheit, erhöhtem Puls, Hitzewallungen, Desorientierung, Erbrechen usw. Nach Abklingen des Rauschs können Erschöpfung, Kieferkrämpfe, Kopfschmerzen, Unruhe, Depression, Kreislaufstörungen usw. auftreten. Bei chronischem Konsum sind schwere psychische und körperliche Störungen die Folge.

4.4   Schichtarbeit und Biorhythmik

Im Hotel und Gaststättengewerbe sind Abend- und Nachtarbeit eher an der Tagesordnung als ungewöhnlich. Viele Mitarbeiter im Hotel und in der Gastronomie beginnen ihre Arbeit erst am Nachmittag oder Abend und kommen erst spät in der Nacht oder in den Morgenstunden nach Hause. Doch die Schicht- und Nachtarbeit hat ihren Preis. Schichtarbeit ist ein Leben gegen Freundeskreis und Familie sowie gegen den Rhythmus unserer inneren Uhr.

Wer regelmäßig nachts und am Wochenende arbeitet, hat es schwer, die Kontakte zu seiner Familie und zu seinen Freunden zu pflegen. Er verbringt meist mehr Zeit mit den Gästen und Arbeitskollegen als mit den Menschen zu Hause. Dies kann zu gravierenden sozialen Problemen mit Trennung, Entfremdung und Isolation führen, da sich die Freizeit konträr zueinander verhält (❑ Abb. 4.5). Hier muss man sich natürlich auch fragen, ob es eine Freude, ein Übel oder eine Notwendigkeit ist, nachts zu arbeiten, oder ob die Nachtarbeit vielleicht eine Funktion hat (z.B. seinen Partner zu meiden oder nicht spüren zu müssen, dass man keine Freunde hat).

Nachtdienst ist »Sand« im menschlichen Uhrwerk

Viele versuchen, die Nacht mit Kaffee oder Amphetaminen (Aufputschmittel) durchzustehen und geraten dadurch in einen chronischen Schlafmangel. Der Körper versucht zwar, sich an die Nachdienste anzupassen, aber der Tagschlaf ist wegen den ungünstigeren Schlafbedingungen (heller, wärmer, lauter usw.) nicht so erholsam wie der Nachtschlaf. **Chronischer Schlafmangel** kann zu Schlafstörungen, Nervosität, vorzeitiger Ermüdbarkeit aber auch Bluthochdruck, Herz-Kreislauf-Erkrankungen, Verdauungsbeschwerden und Alkoholmissbrauch führen. Zudem besteht ein erhöhtes Unfallrisiko durch Übermüdung in der Nacht.

Frauen zeigen selbst 15 Jahre nach Beendigung der Schichtarbeit ein 60 Prozent höheres Brustkrebsrisiko (weil sie unter Melatoninmangel leiden) als Frauen, die nicht im Nachtdienst arbeiten. Männer haben ein 30 bis 50 Prozent höheres Risiko einen Herzinfarkt zu erleiden (Starif 2007).

Helligkeit in der Nacht hemmt die Ausschüttung von **Melatonin**, was mit der Entstehung von Krebs und der Störung des Tag-Nacht-Rhythmus in Zusammenhang gebracht wird. Weltweit arbeite etwa jeder fünfte Mitarbeiter im Schichtdienst, vorwiegend im Gesundheitswesen und in der Gastronomie (aber auch bei der Polizei, Feuerwehr usw.). Von Servicemitarbeitern auf Mallorca habe ich mir sagen lassen, dass diese oft sieben Tage die Woche in Clubs über

Abb. 4.5 Schichtarbeit (© Hemera/Thinkstock)

einen Zeitraum von 7–9 Monaten durcharbeiten. Es ist wohl kaum vorstellbar, was diese Mitarbeiter dabei ertragen und sich damit langfristig antun. Nach meiner Auffassung gehört dies behördlich untersagt. (Artikel 2 des deutschen Grundgesetzes lautet: »Jeder hat das Recht auf Leben und körperliche Unversehrtheit. Die Freiheit der Person ist unverletzlich. In diese Rechte darf nur auf Grund eines Gesetzes eingegriffen werden«.)

Nach einer Empfehlung der »Deutschen Gesellschaft für Arbeitsmedizin und Umweltmedizin e. V. (DGAUM)« sollten jüngere Schichtarbeiter alle drei Jahre und ältere Schichtarbeiter jedes Jahr ärztlich untersucht werden. Die DGAUM empfiehlt deshalb maximal drei Nachtschichten hintereinander sowie den Wechsel von der Früh- in die Spät- und dann in die Nachtschicht. Wichtig seien regelmäßige Erholungsphasen und eine vorausschauende Arbeitsplanung, um das Privatleben planen zu können.

In der Schlafmedizin werden unterschiedliche Schlaftypen voneinander unterschieden. Die sogenannten **Eulen** sind nachtaktiv und wahrscheinlich eher für die Nachtarbeit geeignet. Sie schlafen gerne lange, sind eher morgenmufflig und stehen sogar im Urlaub erst spät auf. Ihr Leistungshoch ist am Nachmittag und am Abend. Die »Lerchen« sind Typen, die in der Nachtgastronomie wohl eher selten zu finden sind. Sie gehen früh schlafen, stehen gerne früh auf und haben am Morgen ihr Leistungshoch. Gegen Nachmittag werden sie müde und am Abend gehen sie früh schlafen. Um herauszufinden, welcher Typ Sie natürlicherweise sind, sollten Sie sich 1–2 Wochen Urlaub ohne Termine und ohne Leistungsdruck nehmen. Nach einer Übergangszeit sollte sich ihr individueller Schlafrhythmus von Wach- und Schlafphasen von selbst einstellen. Älteren Mitarbeitern ist vom Schichtdienst abzuraten.

ⓘ Empfehlung!

Gönnen Sie sich eine gute vitaminreiche Ernährung, treiben Sie Sport und vermeiden Sie Übergewicht. Wichtig sind genügend Pausen, diese erhöhen die Konzentrationsfähigkeit, vermindern das Fehlerrisiko und reduzieren die Müdigkeit. Gewöhnen Sie sich ein festes Schlafritual an. Auch ein kurzes Nickerchen oder autogenes Training können zwischendurch sehr erholsam sein. Dies kann jedoch einen chronischen Schlafmangel nicht ausgleichen. Um Abhängigkeiten zu vermeiden, vermeiden Sie die Einnahme von Schlafmitteln. Außerdem wirken Schlafmittel oft ungewollt lange nach, wodurch die Arbeitsfähigkeit eingeschränkt werden kann.

Zur **Schlafhygiene** gehören ruhige und wohltemperierte Räume von 16-18 Grad°. Tageslärm lässt sich mit Ohrenstöpseln deutlich vermindern. Und wenn Sie tatsächlich erst morgens nach Hause fahren, dann benutzen Sie eine Sonnenbrille, um vor dem Schlafengehen nicht so viel Licht aufzunehmen.

Hotel– und Barsoziologie

Die Sozialpsychologie beschäftigt sich mit der Untersuchung sozialpsychologischer Phänomene zwischen Individuen, von Individuen innerhalb einer Gruppe, von Gruppen untereinander sowie von Kulturen. Sozialpsychologisches Hintergrundwissen bildet somit die notwendige Grundlage zum Verstehen sozialer Prozesse im Hotel und in der Gastronomie. Wichtige Themen dabei sind: evolutionäre Sozialpsychologie, Bindung, Einstellungserwerb und Kommunikation. In diesem Kapitel möchte ich ausführlicher auf diese Themen eingehen. Beginnen möchte ich mit einer kurzen geschichtlichen Einführung in die Sozialpsychologie (◘ Abb. 5.1).

5.1   Geschichte der Sozialpsychologie

Frühe Gedanken über soziale Zusammenhänge und Regeln beschreibt bereits **Platon** um 400 v. Chr. Eine seiner Kernaussagen besagt: »Der Staat hat Vorrang vor dem Individuum«. Nach Georg Friedrich Wilhelm **Hegel** (deutscher Idealismus um 1800) ist der Staat die Verkörperung des objektiven Geistes. Jeremy **Bentham** (Utilitarismus um 1830) sieht darin das größte mögliche Glück für alle. Auguste **Comte** (Positivismus um 1840) sieht Soziologie als Begriff und Programm. Auf Charles **Darwin** (1871) geht die Lehre von der evolutionären Sozialpsychologie zurück. Gustave **Le Bon**'s Buch *Massenpsychologie* (1895) beschäftigt sich mit der seelischen Einheit der Massen und deren Ansteckung. So neigten Individuen dazu, in der Masse ihre Haltung aufzugeben und verhielten sich in der Masse auch gegen geltende Rechtsvorschriften. Für Emile **Durkheim** (1893) sind soziale Gegebenheiten außerhalb und unabhängig vom individuellen Bewusstsein und bilden eine »kollektive Repräsentation«, die dann etwas Eigenes ist. Zu Beginn des 20. Jahrhunderts untersuchten Psychologen wie Gordon **Allport**, Kurt **Lewin**, Harold **Kelley**, Leon **Festinger**, Stanley **Schachter** in den USA, sowie Iwan Petrowitsch **Pawlow**, Max **Wertheimer**, Jean **Piaget**, Willy **Hellpach** in Europa, zunehmend das Verhalten und die kognitiven Funktionen des Menschen (s. ▶ Kap. 2 und 3).

5.2   Evolutionäre Sozialpsychologie

Ein Teilgebiet der Sozialpsychologie ist die **evolutionäre Sozialpsychologie**, die auf der Verhaltensbiologie und der Genetik basiert. Im Folgenden möchte ich Ihnen einige wichtige Aussagen kurz erläutern, da evolutionsbedingte Prozesse wie Versorgung, Hilfeleistungen, Flirt- und Balzrituale bevorzugt im Hotel und in der Gastronomie stattfinden. Besondere Untersuchungsgegenstände sind die Beziehung und das Verhalten zwischen Frauen und Männern und in der Familie.

Die evolutionäre Sozialpsychologie ist stark darwinistisch geprägt. Ein Vertreter davon ist E. O. Wilson (1975), nach dessen Ansicht die natürliche Auslese der Individuen und deren Fortbestand für eine größere »Fitness« und eine bessere Anpassung sorgt, nach dem Motto: »Der Stärkste überlebt«.

Nach Wilson ist der Prototyp von Kooperation die Elternschaft. Der Begriff »**Stammesloyalität**« bezieht sich auf die Unterscheidung der Eigen- von der Fremdgruppe (»wir« versus »die«). Personen identifizieren sich vorwiegend mit der eigenen Gruppe und bilden eine negative und stereotype Sicht von anderen Gruppen (z.B. in Fußballvereinen: »Wir gegen die anderen«). Deshalb tritt beispielsweise eine größere **Hilfeleistung** unter Verwandten auf mit dem Ziel, die eigenen Gene zu erhalten und weiterzugeben. Untersuchungen zeigten, dass

☑ **Abb. 5.1** Barsoziologie (© digital vision/Thinkstock)

beispielsweise kriminelle Mittäter häufig auch näher miteinander verwandt sind, und dass es durch leibliche Eltern einen geringeren Missbrauch gibt als durch Stiefeltern.

Altruistische Menschen (Helfertypen) tragen nach Wilson zur Erhöhung der Fitness eines anderen Individuums bei, während sie gleichzeitig die Verringerung der eigenen Fitness in Kauf nehmen. Als **reziproken Altruismus** bezeichnet man ein gegenseitiges Hilfeverhalten zwischen Nichtverwandten. Dazu könnte man auch das Dienstleistungsverhalten in der Gastronomie zählen, nach dem Motto: »Ich bringe Ihnen Nahrung und erhalte dafür einen Teil Ihres Geldes«.

Wichtig bei Wilson ist es, das Kosten-Nutzen-Verhältnis zu beachten, was bedeutet, dass der Empfänger den Gefallen später erwidert. Als **Trittbrettfahrer** werden Individuen bezeichnet, die andere für sich arbeiten lassen. Dazu zählen zum Beispiel die »Mercy-Säufer«, die nach dem Motto leben: »Niedrige oder keine Kosten und hoher Nutzen«. Häufige Reaktionen auf Trittbrettfahrer sind deshalb auch deren Ausschluss aus der Gemeinschaft sowie Kritik an deren Nichterwidern gegebener Hilfeleistungen.

▪ **Übung 16**
Bitte überdenken und beantworten Sie folgende Fragen:
  1. Wie beurteilen Sie Ihre persönlichen Kosten-Nutzen-Konten?
  a) beruflich
....

b) privat

....

2. Was könnten Sie tun, um Ihre Konten ggf. auszugleichen?

....

Ein weiterer Bereich der evolutionären Sozialpsychologie beschäftigt sich mit dem menschlichen **Paarungsverhalten**. In den meisten industriellen Gesellschaften besteht die Partnerschaftsform in einer »monogamen Ehe«. Wie Sie sicherlich wissen, gibt es aber auch Kulturen, in denen die »polygame Ehe« üblich ist: Eher wohlhabende Männer haben mehrere Frauen, um deren Wohl sie sich aber auch kümmern müssen. Die Umkehrung bezeichnet man als »Polyandrie«: Sie findet sich bei geringer Ökonomie, zum Beispiel, wenn sich zwei Brüder eine Frau teilen.

Bei der **Wahl des Partners** legen Frauen sehr viel Wert auf die Reife, den sozialen Status und die wirtschaftlichen Ressourcen der Männer. Die Männer hingegen legen mehr Wert auf Jugendlichkeit und die körperliche Attraktivität der Frauen.

Das Phänomen der **Eifersucht** entsteht bei den Männern zum Beispiel aufgrund eines Eigentumsanspruches, und um den sexuellen Zugang und die Vaterschaft zu sichern. Bei Frauen ist Eifersucht eher auf den Ressourcen-Transfer zur Rivalin und die Liebesszenarien gerichtet. Die **Untreue** scheint für 10–30 Prozent des Nachwuchses verantwortlich zu sein (Buddeberg 2004).

Jüngere Männer sind risikoreicher, um einen höheren **Status** innerhalb der Gruppe zu gewinnen oder um für Frauen attraktiver zu erscheinen. Letztendlich geht es, immer noch nach Wilson, um die reproduktive Fitness. Um einen Vater als den wahren Vater zu bestätigen, hört man deshalb auch oft den Ausspruch: »Das Baby ist ganz der Vater«. Ein Mann, der das Kind eines anderen Mannes aufzieht, wird als »Hahnrei« bezeichnet. Konflikte zwischen Partnern, aber auch zwischen Eltern und ihren Nachkommen, drehten sich häufig um soziale Macht und Ressourcen. Vertiefte Informationen finden Sie auch bei David Buss (1998/2004).

5.3   Die Bindungstheorie

5.3.1   Einführung

Ein weiteres Interesse der Sozialpsychologie widmet sich der Untersuchung des menschlichen Bindungsverhaltens. Unter Bindung versteht man ein spezifisches, dauerhaftes und emotionales Band zwischen zwei Menschen. Sie entsteht bereits im ersten Lebensmonat und spielt während des ganzen Lebens zwischen Individuen eine wichtige Rolle.

John Bolby (1968) und Mary Ainsworth (1978) gelten als die Pioniere der Bindungsforschung. Eine stabile Bindung ist bereits für den Säugling notwendig, um Nähe und Befriedigung zu erhalten und um seine Überlebenswahrscheinlichkeit zu maximieren. Bindung ist nicht persönlichkeits-, sondern beziehungstypisch verankert.

◘ Abb. 5.2 zeigt, wie eine sichere Bindung zwischen Mutter und Kind entstehen kann.

Beim Erlernen von Bindung beobachteten Bolby und Ainsworth folgende Bindungsphasen:
1.   Am Anfang ist der Säugling personenunabhängig sozial orientiert, d.h. er macht keine Unterschiede zwischen verschiedenen Betreuungspersonen.

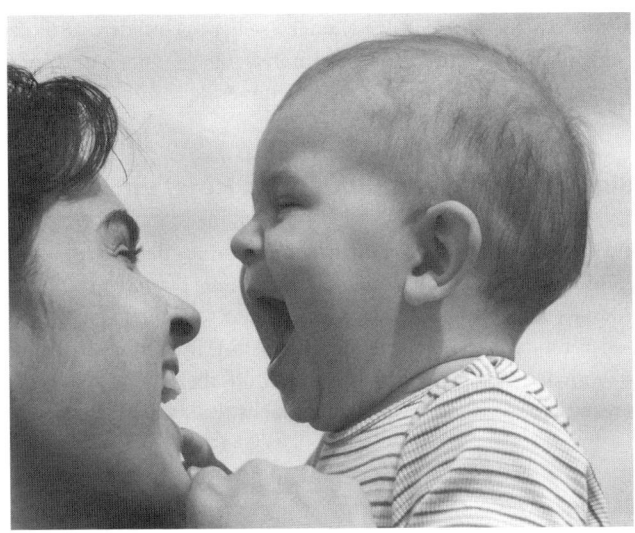

◘ **Abb. 5.2** Bindung (© nyul/Fotolia.com)

2. Allmählich lernt das Kind dann verschiedene Personen voneinander zu unterscheiden und wendet sich bevorzugt einer oder wenigen Personen zu.

3. Durch Fortschritte in der Bewegungsfreiheit (mit circa 7–8 Monaten) wird eine »echte Bindung« erreicht, da sich das Kind nun aktiv in die Nähe der Bezugsperson bringen kann und sie bei Abwesenheit vermisst. Von nun an treten erstmals wichtige individuelle Bindungsunterschiede auf, die als »Bindungstypen« bezeichnet werden.

4. Eine »zielkorrigierte Partnerschaft« entsteht jedoch erst nach circa 3 Jahren. Das Bindungsverhalten variiert jetzt je nach Situation und tritt während des gesamten Lebens auf.

5. Spiegeln sich diese Phasen auch bei Ihren Gästen wider? Erst sozial umschauend, dann die Zuwendung zu einer oder mehreren Personen suchend bis eine feste Bindung herstellt ist?

Ainsworth und Wittig (1969) fanden bei ihren Untersuchungen folgende vier Bindungstypen:

1. **Der sicher gebundene Typ:** Das Kind sucht und wahrt den stabilen Kontakt zur Mutter, weint kaum oder gar nicht, wenn die Mutter geht, sucht aber Kontakt, wenn sie wiederkommt. (Motto: »Ich habe dich furchtbar vermisst, aber jetzt, wo du wieder da bist, ist es o.k.«.)

2. **Der unsicher-vermeidend gebundene Typ:** Das Kind weint nicht, wenn die Mutter geht, sucht aber auch nicht deren Nähe, wenn die Mutter wieder kommt. (Motto: »Du hast mich schon wieder allein gelassen, immer muss ich allein zurechtkommen«.)

3. **Der unsicher-ambivalent gebundene Typ:** Das Kind zeigt den Kummer deutlich, wenn die Mutter geht. Ambivalenz entsteht, wenn die Mutter zurückkommt. Einerseits möchte es Kontakt zur Mutter, andererseits ist es immer noch wütend, weil sie, wenn auch nur für kurze Zeit, gegangen war.

4. **Der desorganisiert/desorientierte Typ:** Einige Kinder lassen sich keinem dieser Typen zuordnen. Sie sind eher konfus, wenn die Mutter geht, aber auch, wenn sie wiederkommt. Sie wissen nicht, wie sie sich bei Trennung verhalten sollen.

In Deutschland sind etwa 45 Prozent der Kinder »sicher« gebunden, 28 Prozent der Kinder »unsicher-vermeidend« gebunden, 7 Prozent »ambivalent« gebunden und 20 Prozent der Kinder »desorganisiert« gebunden (Gloger-Tippelt, Vetter & Rauh 2000).

5.3.2   Über die Bedeutung von Bindung in Hotel und Gastronomie

Für Hoteliers und Gastronomen können die Erkenntnisse aus der Bindungsforschung von besonderem Interesse sein, weil natürlich auch Gäste (z.B. die Stammgäste) und Mitarbeiter ein bestimmtes Bindungsverhalten haben. Alle Gäste waren schließlich auch einmal Kinder und haben ihren eigenen Bindungsstil, genauso wie wir selbst. Im Erwachsenenalter sind die Bindungsmuster im Verhalten fest verankert. War die Mutterbeziehung stabil und verlässlich, so wird das daraus resultierende Bindungsverhalten höchstwahrscheinlich auch bei Ihren Gästen wiederzufinden sein.

Haben Sie auch schon festgestellt, dass bei Ihnen Gäste verkehren, die den oben beschriebenen Bindungstypen entsprechen? Spätestens jetzt haben Sie die Möglichkeit, genauer darauf zu achten. Nicht jeder Gast ist an jeden Bartender gleichermaßen gebunden, so wie nicht jedes Kind an jede Bezugsperson gleich stark gebunden ist.

Möglicherweise sind Sie für Ihre Gäste eine Übertragungsfigur gewohnter Beziehungs- und Bindungsmuster. Dabei spielen unbewusste Erinnerungen an kindliche Beziehungserfahrungen eine bedeutende Rolle. Beziehungspersonen aus der Kindheit und die Erinnerungen daran werden aktiviert, wiederbelebt und unbewusst auf Sie übertragen. So tritt beispielsweise an die Stelle der einst versorgenden Mutter der oder die versorgende Barmann/frau. Ein anderer Kollege im Team kann eine Übertragung des Vaters auslösen. Je vielfältiger das Team, umso mehr Übertragungen sind möglich. Dies gilt natürlich auch umgekehrt. So könnte ein Gast auch Sie an eine bestimmte Person Ihrer eigenen Kindheitsgeschichte erinnern und daraufhin ein Bedürfnis nach Nähe oder aber ein Abwehrverhalten auslösen (s. ► Kap. 8.2).

Gäste kommen häufig in eine Bar, weil sie sich mit anderen vergleichen möchten, um positiv stimuliert zu werden, um Lob und Anerkennung zu bekommen und emotionale Unterstützung zu erhalten. Die »treueste« Bindung zeigt vermutlich der Stammgast. Er gehört zu den Gästen, die in bestimmten Zeitabständen immer wieder das gleiche Hotel, das gleiche Restaurant oder die gleiche Bar aufsuchen. Hierbei kann es sich um tägliche, wöchentliche, monatliche oder sogar jährliche Besuche handeln. Wichtig dabei ist eine gewisse Regelmäßigkeit, in der er erscheint. Kommt er beispielsweise einmal pro Jahr in seinem Urlaub an ihre Hotelbar, so ist er genauso ein Stammgast wie wenn er, wegen der nachbarschaftlichen Nähe, jeden zweiten Abend käme.

Stammgast wird in erster Linie derjenige, der vertraute Bindungsbeziehungen finden kann. Manche Gäste kommen aber auch aus Verpflichtung oder weil bestimmte andere Gäste, an die sie sich gebunden fühlen, eine bestimmte Bar aufsuchen. Bindung ist ein (un)sichtbares Band und kann so viel (aus)halten. Betrachtet man beispielsweise die Religionen und die dort wirkenden Bindungskräfte der Protagonisten, kann man sehen, wie stabil Bindung über Jahrtausende hinweg sein kann.

Im Folgenden möchte ich Ihnen einige Anregungen zur Gästebindung, mittels Verstärkung (s. Kap 2.3.2) und besonderer Rituale, geben.

Rituale zur Gästebindung

Sie kennen sicherlich das Gefühl, von einem Gastronomen persönlich begrüßt zu werden. Hierbei ist es wichtig, wenn möglich sofort beim Eintreten, den Gast zu begrüßen. Dabei kann schon ein Augengruß ein wichtiges Zeichen sein: »Ich habe Dich/Sie wahrgenommen«. Eine persönliche Begrüßung vermittelt dem Gast Vertrautheit, Sicherheit und steigert das Selbstwertgefühl. Hier noch ein paar weitere Tipps:

- Wenn möglich, dem Gast seinen Mantel abnehmen und zum reservierten Tisch, dem Stammplatz oder einem freien Platz begleiten.

- Es kann von Vorteil sein, unaufgefordert dem Gast sein Stammgetränk anzubieten beziehungsweise danach zu fragen, und um dessen Vorlieben und Abneigungen zu wissen.

- Persönliche Gespräche und das Nachfragen nach dem Befinden können die Gästebindung fördern. Dennoch sollten Sie sich selbst dabei eher bedeckt halten. Diskretion und Verschwiegenheit sind oberstes Gebot einer seriösen Gastronomie.

- Je nach Situation kann man als Vermittler bestimmte Gäste einander vorstellen. Aus neuen Kontakten können somit neue Bindungen und ein erweitertes »Wir-Gefühl« entstehen.

- Unmittelbare Verstärker für Gäste können sein: ein Kompliment aussprechen, einen Musikwunsch gewähren oder ein Freigetränk spendieren. Dies steigert das Selbstwertgefühl des Gastes und fördert die Bindung.

- Viele Gäste mögen auch eine etwas ausführlichere persönliche Beratung zur Herstellung bestimmter Speisen oder Getränke, zur Herkunft von Weinen, zum Alter und zur Lagerung von Whisky oder über die Zubereitung eines Cocktails.

- Die heutigen neuen Medien ermöglichen eine kontinuierliche Bewerbung und Informationsvermittlung zu aktuellen und zukünftigen Veranstaltungen und Terminen. So pflegen Sie den Kontakt zu Ihren Gästen und bringen sich in Erinnerung. Achten Sie dabei auf die Dosis und das Anliegen, denn diese sind dafür entscheidend, ob die Werbung als angenehm oder als störend empfunden wird. Besser sind wenige Tops als zu viele Flops!

- Aufgrund des sogenannten Recency-Effektes (s. ▶ Kap. 5.5.2) ist eine persönliche Verabschiedung mit Handgeben und/oder Körperkontakt ein Zeichen persönlicher Wertschätzung und Dankbarkeit.

ⓘ Merke!
  - Gäste haben verschiedene Bindungsstile.
  - Ein Stammgast kommt in regelmäßigen Abständen. Dies kann täglich, wöchentlich, monatlich aber auch einmal jährlich (z.B. in seinem Urlaub) sein.
  - Das Personal kann Übertragungsfläche unbewusster Beziehungsmuster sein.
  - Das Team kann verschiedene Personen aus der Herkunftsfamilie repräsentieren.
  - Die Gastgeber haben oft die versorgende »Mutterrolle«.
  - Manche Gäste kommen, weil sie an andere Gäste gebunden sind.
  - Werbung und eine positive Mundpropaganda führen dazu, dass Gäste zu Ihnen kommen. Die Bindung sorgt dafür, dass sie auch wiederkommen.

▪ Übung 17
1. Beobachten Sie und Ihre Kollegen Ihre Gäste etwas genauer, unter besonderer Berücksichtigung des Bindungsverhaltens.
2. Versuchen sie dann eine Vorhersage des Verhaltens aufgrund des wahrscheinlich vorhandenen Bindungstyps.

3. Anschließend tauschen Sie sich mit Kollegen darüber aus, welche Beobachtungen Sie jeweils machen konnten.

5.4   Der Einstellungserwerb

Die Einstellung, die wir Personen oder Dingen gegenüber haben, beeinflusst unser Verhalten und ist somit ein Verhaltensindikator und Prädiktor (Voraussagehinweis) für eine Verhaltensänderung. Einstellungen können aber auch zu Vorurteilen und Fehlentscheidungen führen.

In einem Experiment von Marlowe (1965) sollte die Einstellung zu verschiedenen Organisationen (Unicef, Kommunistische Studenten usw.) untersucht werden. Mit der sogenannten Lost-Letter-Technik (Verlorene-Briefe-Technik) wurden aus Versehen verlorengegangen wirkende Briefe auf die Straße gelegt. Diese Briefe waren frankiert und an unterschiedliche Organisationen adressiert. Als Kriterium für die Popularität einer Organisation wurde nun gemessen, wie viele Briefe von Passanten in Briefkästen eingeworfen und zugesandt wurden. Je mehr Briefe zurückgesendet wurden, umso populärer war die jeweilige Organisation in der öffentlichen Meinung.

Ein weiteres Beispiel für den Einfluss der Einstellung auf unsere Urteile ist die »**Teuroillusion**«: Bei Einführung des Euros wurden verschiedenste Experimente durchgeführt. So sollten Probanden mehrfach preismodifizierte Speisekarten, zunächst in DM-Preisen und danach in €-Preisen bewerten: Die Frage war, ob die Probanden die Speisen als teurer wahrnehmen würden. Die Ergebnisse zeigten, dass eine Erhöhung der Preise um etwa 15 Prozent von den Probanden als 22 Prozent Erhöhung wahrgenommen wurden. Eine Preissenkung um 15 Prozent hingegen nahmen sie als preisstabil war. Die vorab negative Einstellung der Probanden zum Euro (engl. *prior belief effect*) verzerrte deren Wahrnehmung (Greitemeyer, Schulz-Hardt, Frey, Traut-Mattausch 2002).

Nach Stroebe (2007) dienen Einstellungen der »Ich-Verteidigung«. Hierbei werden eigene negative Einstellungen auf andere, zum Beispiel auf Minderheiten, projiziert. Sie dienen außerdem dem Ausdruck eigener Werte sowie der Bestätigung des eigenen Selbstkonzepts, zum Beispiel der Abschaffung der Todesstrafe. Manchmal werden aber auch Einstellungen zugunsten von Zielen und Belohnungen verändert, oder um einer Bestrafung zu entgehen. Letztlich dienen Einstellungen zur Strukturierung und Vereinfachung der Welt.

Einstellungen sind abhängig vom Gedächtnis, von dem Wissen über eine Person oder eine Sache, von der Stimmung, aber auch von einem etwaigen Anker. Ein **Anker** ist eine Denk- und Richtungsvorgabe.

> **Beispiel**
> In einem Versuch sollten Probanden schätzen, wie viele Erbsen sich in einem Glas befinden. Eine Gruppe wurde gefragt, ob es mehr oder weniger als 50 Erbsen sind. Eine andere, ob es mehr oder weniger als 100 Erbsen sind. Der jeweilige Gruppenmittelwert der Schätzung tendierte in die Richtung des zuvor gesetzten Ankers. Die Gruppe mit dem 50er Anker schätzte, dass weniger Erbsen im Glas seien als die Gruppe mit dem 100er Anker. Die Schätzung geht in Richtung des zuvor gesetzten Ankers.

🛈 Merke!
Wenn es im Einstellungsgespräch um Ihre Gehaltsforderungen geht, ist es sinnvoll, eher einen höheren Gehaltswunsch anzugeben.

5.5 Primacy-, Kontext- und Recency-Effekt

5.5.1 Der Primacy-Effekt

Beim Primacy-Effekt handelt es sich um die Bildung des ersten Eindrucks, den man sich von einer Person macht. Beim Betreten eines Hotels oder einer Hotelbar spielt dieser Prozess eine wichtige Rolle. Denn schon sehr früh kann sich entscheiden, ob ein Gast wiederkommt oder beim nächsten Mal woanders hingeht. Mehrere internationale Studien konnten nachweisen, dass **der erste Eindruck** stärker wirkt als später folgende Eindrücke (Asch 1946, Fiske & Taylor 1991). Erklärt wird dieses Phänomen u.a. damit, dass das Interesse an einem Objekt sinkt, je länger man es betrachtet.

Während der Eindrucksbildung (engl. *impression formation*) machen wir uns ein Bild davon, wie ein anderer Mensch ist und über welche Eigenschaften, Fähigkeiten und Einstellungen er verfügt. Bei vielen Gelegenheiten werfen wir jedoch nur einen kurzen Blick auf eine fremde Person und fällen dann ein spontanes Urteil darüber, was sie für ein Mensch ist (◘ Abb. 5.3).

Das äußere Erscheinungsbild eines Gastes genügt manchmal bereits, um ein Gefühl davon zu bekommen, was er wohl für Einstellungen und Fähigkeiten besitzt, und ob wir ihn mögen oder nicht. Diese schnelle Eindrucksbildung basiert auf sogenannten sozialen Stereotypen.

Stereotype spiegeln Überzeugungen wieder, die Menschen in Bezug auf Persönlichkeitseigenschaften und Fähigkeiten hegen, die üblicherweise bei Personen aus einer bestimmten Gruppe zu finden sind. Stereotype spielen somit eine wichtige Rolle bei der Bildung des ersten Eindrucks.

🛈 Merke!
Denkfaule und unreflektierte Menschen verlassen sich sehr schnell auf spontane Urteile, da dies sehr bequem ist.

5.5.2 Der Recency-Effekt

Ein weiterer wichtiger Moment der sozialen Eindrucksbildung, ist der sogenannte letzte Eindruck. Er wird als Recency-Effekt bezeichnet. Dies ist der Eindruck, den ein Gast von Ihnen und Ihrem Lokal mitnimmt. Luchins (1957) konnte nachweisen, dass der letzte Eindruck deutlich länger erinnert wird als vorhergehende Eindrücke (◘ Abb. 5.4).

Deshalb könnte es für die Zufriedenheit Ihrer Gäste von besonderer Bedeutung und für Sie lohnenswert sein, sich dem Gast vor dem Verlassen des Lokals nochmals kurz positiv zuzuwenden, um sich für seinen Besuch freundlich zu bedanken und ihn persönlich zu verabschieden. Diesen letzten Eindruck wird er länger erinnern und, beim nächsten Bedürfnis eine Bar aufzusuchen, schneller aus seinem Gedächtnis abrufen können als zuvor Erlebtes.

Das Bedürfnis nach Gesellschaft wird insbesondere dann größer, wenn bereits in der Vorstellung eine angenehme Situation erwartet wird. An dieser Stelle setzt die Erinnerung an den letzten Besuch

◨ **Abb. 5.3** Der erste Eindruck (Primacy-Effekt) (© Stockbyte/Thinkstock)

in Ihrer Bar ein (s. ▶ Kap. 2.5.4). Deshalb ist es von Vorteil dafür zu sorgen, dass der Gast einen positiven Eindruck beim Verlassen des Lokals mitnimmt. War der letzte Eindruck Ihres Gastes positiv, so ist die Wahrscheinlichkeit am größten, dass er sich schon bald wieder für Ihre Bar entscheiden wird. Ein solcher Entscheidungsprozess läuft jedoch weitestgehend unbewusst ab und wird sehr durch die letzte emotionale Erfahrung beeinflusst. Diese zehn Sekunden können manchmal entscheidender sein als ein zuvor geführtes Gespräch unter vier Augen.

Stereotype Informationen (z.B. Deutsche sind zuverlässig und fleißig) sind aus dem Gedächtnis leichter abzurufen, da es unmöglich ist, alle Merkmale von Personen einer Gruppe zu erkennen und zu erinnern. Somit sind Stereotype gedankliche oder kognitive Vereinfachungen. Verkürzte kognitive Operationen, mit deren Hilfe Schlussfolgerungen gezogen werden, werden als **Heuristiken** bezeichnet. Sie sind »Daumenregeln oder Schnellschussverfahren«, um Urteile zu fällen, die keinen großen Aufwand erfordern und oft zu verzerrten Ergebnissen führen (Tversky & Kahnemann 1973). An der Urteilsbildung sind aber auch Emotionen und Stimmungen beteiligt. So führt zum Beispiel eine positive Stimmung eher zu einem wohlwollenden Urteil als Ärger. Heuristiken bilden sich vor allem aufgrund des Wissens über eine Person oder Sache. Was im Gedächtnis schnell und leicht abrufbar ist, bestimmt somit über die Beurteilung und Bewertung. Dies nennt man Urteilsheuristik. Ob es tatsächlich so ist, wird dann oft nicht mehr geprüft. Solche Vereinfachungen benutzen auch Gäste oft, wenn sie zum

☑ **Abb. 5.4** Der letzte Eindruck (Regency-Effekt.) (Siri Staffort/Lifesize/Thinkstock)

Beispiel ihr Stammgetränk bestellen: Ohne genau zu wissen wie er schmeckt, wollen sie einen trockenen beziehungsweise einen lieblichen Wein.

ℹ **Merke!**
Der Griff zum Stammgetränk ist für den Gast eine kognitive Erleichterung. Er muss nicht erst lange nachdenken, differenzieren und eine Entscheidung treffen, sondern bestellt eben »wie immer«. Diese geistige Erleichterung gehört zum gewohnten Prozedere und ist Teil seiner abendlichen Entspannung.

5.5.3 Der Kontexteffekt

Eine andere wichtige Information, die wir von einem Gast erhalten, wird durch den Kontext, d.h. über sein Umfeld vermittelt (s. Kap 2.1). So wird beispielsweise die Nähe zu prominenten Persönlichkeiten oft von sogenannten Sternchen in der Hoffnung aufgesucht, dass der Glamour auch auf sie abfärben wird.

Diese Kontexteffekte machen sich beispielsweise Werbestrategen zu Nutze, indem sie unbekannte Produkte mit dem Flair eines Prominenten (V.I.P.) schmücken (siehe Konditionierung).

◻ Tab. 5.1 Die Kommunikationskanäle

verbale Sprache	nonverbale Sprache	
mündlich, schriftlich	Mimik, Gestik, Klang der Stimme, Berührung, Abstand, Bewegung	Äußere Erscheinung, Ambiente

Wie Sie bereits erfahren haben, wird die soziale Wahrnehmung ebenso wie die Einstellung unmittelbar über den Kontext beziehungsweise von der Umgebung beeinflusst.

▪ Übung 18

Kontexteffekte spielen überall eine Rolle, auch in der Gastronomie. Nehmen Sie sich an dieser Stelle bitte einen Augenblick Zeit und überlegen:

1. Wie werden Sie von Ihren Gästen und Ihren Kollegen wahrgenommen?
2. Wie möchten Sie gerne wahrgenommen werden?
3. Was ist ggf. zu verändern?

5.6   Menschliche Kommunikation

Die Psychologie der Kommunikation in der Gastronomie basiert auf den gleichen Gesetzmäßigkeiten wie die Kommunikation in alltäglichen Beziehungen. Was ist Kommunikation?

»Es muß ferner daran erinnert werden, daß das »Material« jeglicher Kommunikation keineswegs nur Worte sind, sondern auch alle paralinguistischen Phänomene (wie z. B. Tonfall, Schnelligkeit oder Langsamkeit der Sprache, Pausen, Lachen und Seufzen), Körperhaltung, Ausdrucksbewegungen (Körpersprache) usw. innerhalb eines bestimmten Kontextes umfasst – kurz, Verhalten jeder Art.« (Watzlawick, Beavin, Jackson, 1969 S. 51)

Bei der menschlichen Kommunikation werden Informationen sowohl verbal als auch nonverbal übertragen. Verbal durch Laut- und Schriftsprache, nonverbal durch und über den Körper und die äußere Erscheinung (◻ Tab. 5.1).

Einige Grundprinzipien der menschlichen Kommunikation möchte ich Ihnen nun etwas ausführlicher darstellen. Beginnen möchte ich dabei mit der Körpersprache, weil sie entwicklungsgeschichtlich wesentlich älter ist als die Wortsprache, und weil jedes Menschenkind zuerst über Mimik und Gestik mit seiner Umwelt in Beziehung tritt, bevor es später und mit viel Mühe die verbale Sprache erlernt.

5.6.1   Die Körpersprache

Ein Gast kann aus der zweiten Reihe seinem Bartender ein Handzeichen geben, und dieser weiß dann oft genau, was damit gemeint ist. Einige der körpersprachlichen Handzeichen sind in ◻ Abb. 5.5 dargestellt.

Ohne Worte zu benutzen, kann jeder mit etwas Übung erkennen, was mit den unterschiedlichen Zeichen gemeint ist. Der Zeigefinger verweist auf etwas »da«. Die Faust zur Drohung,

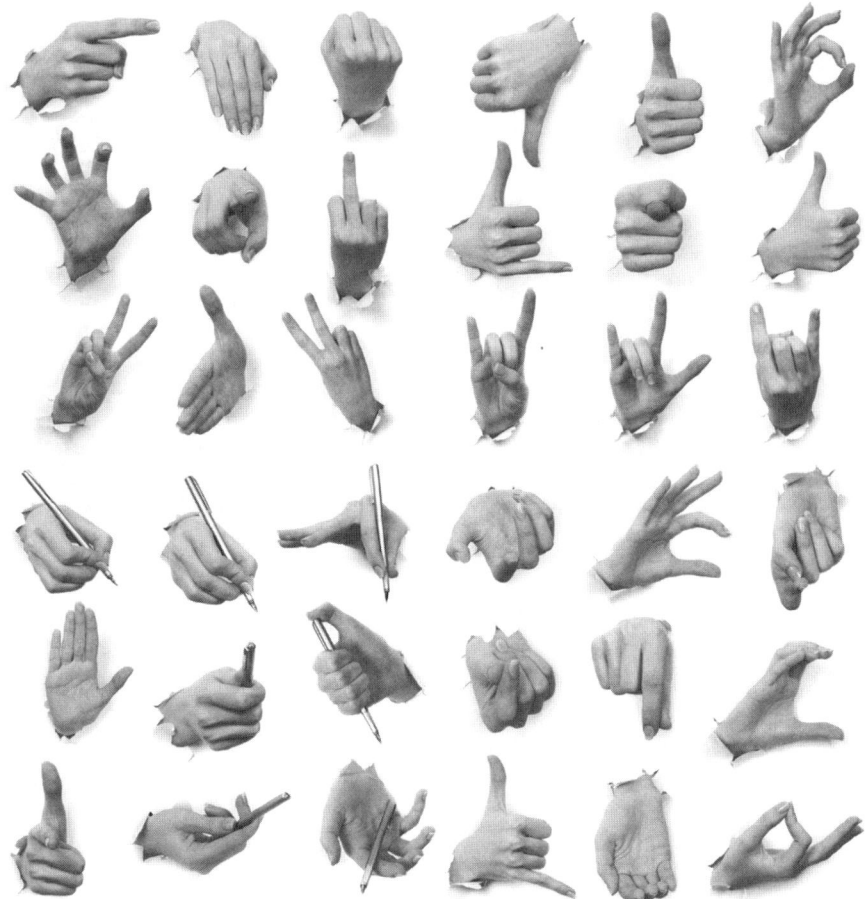

◨ Abb. 5.5 Körpersprache (© Hemera/Thinkstock)

der Daumen nach oben »o.k.« usw. Sicher können Sie sehr schnell die meisten Zeichen deuten. Welche Handzeichen benutzen Sie?

Die Körpersprache ist meines Erachtens eines der faszinierendsten Themen in der menschlichen Kommunikation und überaus wichtig in der Hotel- und Barpsychologie. Der Körper ist nie still, er ist das größte »Plappermaul« und spricht immer. Auch dann, wenn er regungslos vor Angst erstarrt oder vor Wut kocht. Wie können wir, auch ohne Worte zu benutzen, zwischenmenschliche Brücken bauen und den Abstand wahren? Ein geschulter Gastronom sieht sehr schnell anhand der nonverbalen Signale, wie es um seine Gäste bestellt ist. Sind sie gut gelaunt oder eher traurig? Haben sie Berührungsängste oder trauen sie sich nicht zu kommunizieren, obwohl sie dies vielleicht gerne möchten? Wer möchte Beratung und wer ist latent aggressiv? Viele dieser und weitere Fragen können wir aufgrund genauer Beobachtung der Körpersignale beantworten. Dies bedarf einer langen Übung und Berufserfahrung sowie dem Wissen über die Bedeutung körpersprachlicher Kommunikation.

In seiner Profession ist der Bartender ein aufmerksamer Beobachter. Sein suchender Blick zeigt Interesse an seinen Gästen. Er filtert die Situationen heraus, in denen Gäste seiner Hilfe und Kom-

◻ Abb. 5.6 Parallelität (© vgstudio/Fotolia.com)

petenz bedürfen. Er sollte in jedem Fall versuchen, dem Gast offen und freundlich entgegen zu treten, d.h. ihn mit einem Lächeln oder vielleicht sogar mit einem Händedruck zu begrüßen.

Die Gedanken und Gefühle eines Menschen werden durch einen körperlichen Ausdruck begleitet. Dieser kann sehr subtil sein, aber auch sehr deutlich. Er kann unbewusst oder bewusst sein. Eine Parallelität der Gäste deutet zum Beispiel darauf hin, dass sie »auf einer Wellenlänge« sind, sich nah sind und sich vielleicht noch näher kommen möchten (◻ Abb. 5.6).

Weil unseren steinzeitlichen Vorfahren die Lautsprache gänzlich fremd war, blieb ihnen nur die Kommunikation über ihre Mimik und Gestik. So tun wir es auch heute noch, wenn wir Menschen aus einem anderen Kulturkreis begegnen, deren Sprache wir nicht sprechen. Gerade bei ausländischen Gästen wird in Hotels immer wieder gerne auf die körpersprachlichen Signale zurückgegriffen, wenn nichts anderes mehr hilft.

Im Laufe der Jahrtausende entwickelte der Mensch schließlich seine verbalen Sprachen und Dialekte. Das Bewegungssystem ist das älteste Ausdrucksorgan des *Homo sapiens* und in allen Menschen von Geburt an fest verankert. So kommt es auch, dass ein Eskimo die Gestik und Mimik eines Australiers und ein Schotte die eines Inders verstehen kann. Die Körpersprache ist der Lautsprache sogar in Vielem überlegen. Fest steht, sie ist ehrlicher als der Mund, und weil dem so ist, lernen zum Beispiel Schauspieler, aber auch viele Politiker und Manager, die Körpersprache sehr gezielt einzusetzen. Oft zeigen insbesondere Politiker wenig bis nichts von sich und machen nur viele Worte, die wiederum nichts aussagen. Sie gehen wie (h)armlose Wesen durch den Raum, damit der einfache Bürger nicht erkennt, was sie gerade planen, denken und fühlen. War Ihnen das bewusst? Intuitiv und gefühlsmäßig bestimmt.

Gäste sind in der Regel unkontrolliert und spontan in ihrem Ausdrucksverhalten. Beim Betreten des Lokals legen sie zwar den Mantel ab, aber nicht ihre Körpersprache. Diese nehmen sie überall hin mit, egal ob sie gehen, sitzen oder stehen. Ist der erste Drink serviert und der Gast möchte einen weiteren bestellen, so hebt er sein Glas, nickt Ihnen freundlich oder auch ungehalten zu, und Sie wissen sofort, was er damit meint.

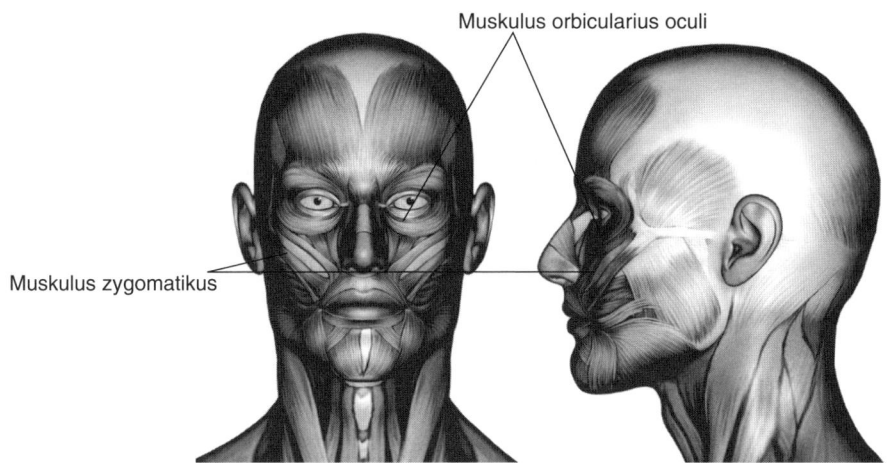

Muskulus orbicularius oculi

Muskulus zygomatikus

◙ Abb. 5.7 Lachmuskulatur (Hemera/Thinkstock)

Um die Motive und Absichten eines Gegenübers zu erkennen, orientieren wir uns jedoch besonders an der Mimik. So ergänzen wir zum Beispiel die Schrift in einem »Chat« mit einem Symbol, beispielsweise mit einem Lächeln, um zu zeigen, dass wir uns gerade freuen. Wie trivial und reduziert ist das im Vergleich zu den vielen Möglichkeiten, die ein Gesicht haben kann, um Freude zu signalisieren. Obwohl in den letzten Jahrzehnten die elektronischen Medien immer mehr perfektioniert wurden, können sie unsere nonverbale Sprache nur unzureichend ersetzen.

◙ Abb. 5.7 zeigt die verschiedenen Muskeln, die beim Lachen beteiligt sind.

In einer Studie konnte Ekman (1992) zeigen, dass beim echten Lächeln, dem sogenannten limbischen Lächeln, der Muskulus orbicularius oculi (unter den Augen) beteiligt ist, während beim bewussten oder aufgesetztem Lächeln (Grinsen) lediglich der Muskulus zygomatikus aktiviert wird (◙ Abb. 5.8 a und b).

Weiter konnte er nachweisen, dass bewusstes Lächeln die Stimmung der Versuchspersonen deutlich verbessert. Dies bedeutet, ein morgendliches Lächeln in den Spiegel kommt tatsächlich positiv zurück und verbessert die Stimmung.

Für jeden Menschen gibt es feste sprachliche und körpersprachliche Rituale, Signale und Regeln. Diese sind abhängig vom jeweiligen Kulturkreis, in dem er sich bewegt, und ob, beziehungsweise wie nah, er andere Menschen an sich heranlassen möchte. Es ist wichtig, dem Gast genügend Raum zu geben und ihm mit Respekt zu begegnen. Eine gewisse Diskretion, Zurückhaltung und Distanz zu wahren kann selten schädlich sein und wird oft dankbar angenommen. Hierbei ist weniger oft mehr.

Hall (1963) untersuchte die Wirkung von körperlichem Abstand bei Personen und fand dabei vier Zonen: Die **Intimzone** (0—45 cm) (◙ Abb. 5.9), die **Privatzone** (45—122 cm), die **soziale Zone** (122—300 cm) und die **öffentliche Zone** (über 300 cm).

Betrachten wir Gäste unter der Perspektive des körperlichen Abstands zueinander, so fällt auf, dass sich Fremde innerhalb von Sekunden an den Grenzen der Intimzone begegnen.

Für einige kann diese Nähe sehr angenehm sein, während andere reflexartig den Abstand vergrößern möchten. Schwierig wird es jedoch, wenn die äußeren Bedingungen aufgrund von

◘ **Abb. 5.8** Grinsen (a) oder Lachen (b)? (a: Allen Simon/Photodisc/Thinkstock; b: Thinkstock Images)

◘ **Abb. 5.9** Nähe oder Abstand? (© Ryan McVay/Photodisc/Thinkstock)

Platzmangel dieses Abstandsbedürfnis nicht zulassen. Ein Unbehagen darüber kann sich dann unmittelbar in der Körpersprache abbilden, zum Beispiel indem sich ein Gast wegdreht und dem Nachbarn den Rücken zeigt. Denn die Rückenhaut ist besonders beim Mann dicker als bei der Frau und dicker als die Haut auf der Vorderseite. Sie bietet dadurch mehr Schutz vor Angriffen von hinten. Außerdem kann man durch Wegdrehen sein Gesicht und damit seine Mimik verbergen, um dem ungewollten Nachbar nicht weitere Informationen über sich selbst preiszugeben.

Es scheint in uns allen ein Gespür dafür zu geben, ob wir dem anderen in die Intimzone folgen dürfen oder ob es besser ist, in der Privat- oder Sozialzone zu bleiben. Diese feinsten Nuancen zu beachten und die Grenze des anderen zu respektieren, kann dann sehr von Vorteil sein und vor ungewollter Zurückweisung schützen.

ⓘ Merke!
Über Mimik und Gestik kann man gut kommunizieren. Gesichter sind nicht wie Tagebücher, aus denen man des Menschen Lebensgeschichte ablesen kann. Zu oft werden Menschen aufgrund ihres Äußeren bestimmte Wesenszüge zugeordnet, die nicht zutreffend sind. Körpersprache lässt sich nicht wie ein Wort in einem Wörterbuch einfach nachschlagen und in Gestik 1:1 übersetzen. Jedes Signal ist individuell und aufgrund der begleitenden Umstände zu verstehen. Es ist deshalb wichtig, genau hinzusehen und ggf. beim Sender nachzufragen, denn oft kann nur er selbst Auskunft darüber geben, wie er seine Körpersprache verstanden wissen will.

▪ Übung 19
1. Überlegen Sie sich bitte, wie viele verschiedene Gesichtsausdrücke Sie zeigen können und was Sie dem Gast damit alles signalisieren können, ohne auch nur ein Wort über die Lippen zu bringen.
2. Hören Sie in sich hinein und überprüfen Sie Ihre Ausstrahlung am Spiegel. Seien Sie locker und spielen damit. Sie werden überrascht sein, wie genau Sie sich beobachten und gezielt auf andere Menschen wirken können. Da sich Ihre Mimik schon über Jahrzehnte entwickelt hat, brauchen sie jedoch keine Angst zu haben, dass sie durch diese Übung gleich ein anderer werden.

5.6.2 Die Beziehung zwischen Körper- und Lautsprache

Was glauben Sie, nimmt ein Gast von seinem Bartender hinter der Bar zuerst wahr? Noch bevor der Gast etwas gesprochen hat, sind Ihr Gesicht und Ihre Mimik und meist auch Ihre Arme sichtbar. Der Rest des Körpers fällt weniger auf und bleibt erst einmal im Verborgenen. Häufig vermittelt schon allein der Gesichtsausdruck, und zwar deutlicher als die Körperhaltung, welche Empfindungen Sie gerade haben. Die hochgezogenen Augenbrauen zum Gruß, die heruntergesunkenen Augen, zeigen sie Unterwerfung? Die Lippen gespitzt zum Begrüßungskuss, die Stirn skeptisch gerunzelt, die Nase gerümpft usw.

Um Mimik bewusst steuern zu können, bedarf es regelmäßiger Übung. Besonders dann, wenn wir mit unseren Gefühlen stark beteiligt sind. Um etwas mehr Praxis einfließen zu lassen, soll gleich die nächste Übung folgen.

5

- **Übung 20**

Nehmen Sie sich eine Stunde Zeit, um bewusst fernzusehen. Durchsuchen Sie die Sender nach einer Gesprächsrunde (Talkshow) und stellen dann den Ton ab. Lassen Sie nun die Gesichter und Gesten auf sich wirken. Achten Sie hierbei auf die Gefühle und Einstellungen, die in Ihnen auftauchen. Schon sehr bald werden Sie ein Bild davon haben, wie die Personen in der Runde zueinander in Beziehung stehen. Dann stellen Sie nach einiger Zeit kurz den Ton an und beobachten, ob Ihr Eindruck, den Sie schon anhand der Körpersprache gewinnen konnten, mit dem Gesagten übereinstimmt. Wenn sie anhand der Fernsehsituation üben, werden Sie sich auch bald die Situation in Ihrer Bar ohne Ton vorstellen können. Blenden Sie dabei gedanklich die Lautstärke aus und beobachten Sie Ihre Gäste. Danach können Sie »live« feststellen, ob der Inhalt der Worte mit der Körpersprache übereinstimmt.

Double-Bind-Kommunikation

Eine Double-Bind-Kommunikation besteht aus Botschaften, die sich auf den Kommunikationskanälen widersprechen (Watzlawick 1978, S. 32).

Nehmen wir beispielsweise einen Kellner, der Sie mit eindeutigen Anzeichen von Ärger (z. B. in seiner Mimik) herzlich begrüßt. Egal, welche Botschaft Sie verstehen, könnte es falsch sein. Denn die Deutungsmacht liegt beim Sender (hier also beim Kellner). Wenn Sie ihn auf seinen Ärger ansprechen, so könnte er behaupten, er habe doch gesagt, dass er es »schön findet, dass Sie sein Gast sind«. Oder wenn Sie sagen: »Ich finde es auch schön hier zu sein«, so könnte er sagen: »Sie sehen doch, wie sehr ich mich über Ihren Besuch ärgere«.

Der Empfänger gerät dabei in die sogenannte **Beziehungsfalle**. Und vielleicht reagiert er sogar mit einer sich selbst widersprechenden Botschaft. Die Körperbotschaft gewichtet in der Regel stärker und verrät, was Menschen wirklich meinen und wollen. Oft bemerkt man diese Widersprüche weder bei sich selbst noch beim anderen und wundert sich dann, wenn man sich verunsichert fühlt. Sicherlich senden alle Menschen, der eine mehr und der andere weniger, sich widersprechende Signale aus. Besonders in unsicheren und konflikthaften Situationen hätten wir ja oft gerne »jain«. Kenntnisse über Kommunikation können uns deshalb manches ungute Gefühl in oder nach einer Gesprächssituation erklären.

Untersucht man den Bedeutungsgehalt einer kommunikativen Botschaft, so zeigt sich, dass die stärkste Wirkung von der Körpersprache ausgeht. Zu 55 Prozent bestimmt die Körpersprache, zu 23 Prozent die Stimme und nur zu 8 Prozent die Wortwahl den Eindruck, den wir uns von einem Menschen machen (Mehrabian 1972).

🛈 **Merke!**

Sind Körpersprache, Stimme und Worte kongruent, d.h. stimmen überein, dann wirken und sind wir überzeugender. Fehlt diese Kongruenz, dann verlieren wir an Glaubwürdigkeit. Die meisten Menschen suchen klare, deutliche und widerspruchsfreie Signale, um sich orientieren zu können.

- **Übung 21**

Beachten sie nun Ihre Signale und achten dabei auf sich widersprechende (dissonante) Botschaften. Trainieren Sie bewusst »Ihre Sprachen« und gleichen Sie diese einander immer wieder an, damit Sie überzeugender und klar von Ihren Gästen verstanden werden.

5.6.3 Die Kommunikationstheorie von Paul Watzlawick

An dieser Stelle möchte ich Sie in die Grundlagen der Kommunikationspsychologie einführen und anschließend spezielle kommunikative Fallbeispiele aus der Bar genauer unter die Lupe nehmen. Die Psychologie der Kommunikation in der Gastronomie basiert im Wesentlichen auf den gleichen Gesetzmäßigkeiten wie die Kommunikation in alltäglichen Beziehungen und Arbeitsbereichen auch. Überall dort, wo sich Menschen begegnen, findet Kommunikation statt. Eine der führenden und aktuellen Kommunikationstheorien geht auf Paul Watzlawick zurück. Er hat in seinem Buch über »Menschliche Kommunikation« (1967) u.a. fünf Grundaussagen zur Kommunikation formuliert, die er als »**Axiome**« bezeichnet und die ich Ihnen nun darstellen möchte.

Axiom I : Man kann nicht nicht kommunizieren
Es ist unmöglich, nicht zu kommunizieren. Jede Form der Nicht-Reaktion beinhaltet immer auch eine Aussage.

> **Beispiel**
> Wenn Sie einen Gast fragen, ob er noch etwas zu trinken haben möchte und er gibt Ihnen »keine« Antwort, so könnte dies zum Beispiel bedeuten:»Lass mich in Ruhe, ich möchte nicht reden«. Wie immer man es auch versuchen mag, man kann nicht nicht kommunizieren.

Axiom II : Jede Mitteilung hat eine Inhalts- und eine Beziehungsebene

> **Beispiel**
> Ein Gast fragt Sie:»Wo haben sie denn das Servieren gelernt?« Dies bedeutet auf der **Inhaltsebene**, an welchem Ort Sie das gelernt haben (….»als Auszubildender im Hotel und in der Berufsschule«).
> Auf der **Beziehungsebene** vermittelt der Fragende (Sender), »wie« er zu dem Empfänger in Beziehung steht. So meint er vielleicht:»Das ist toll, wie Sie arbeiten« oder »das ist aber ungeschickt«.

Axiom III: Jede Kommunikation ist ein ununterbrochener Austausch von Mitteilungen

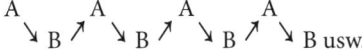

> **Beispiel**
> Gast (A):»Guten Abend«
> Bartender (B):»Guten Abend, herzlich willkommen.«
> A:»Haben Sie noch einen Tisch?«
> B:»Ja, kommen Sie bitte mit« usw..

Manche Kommunikationsprobleme treten deshalb auf, weil jeder der beiden Kommunikationspartner nur die unmittelbar vorangegangene Reaktion seines Gegenübers sieht, die kontinuierliche Abfolge einer Kommunikation jedoch übersieht.

■ **Abb. 5.10** Komplementäre Interaktion (© Jupiterimages/Thinkstock)

Gerne blenden Konfliktparteien aus, dass der Reaktion des Gegenübers eine eigene Aktion vorausging, zum Beispiel: … → Frau nörgelt → Mann geht in die Bar, weil Frau nörgelt → Frau nörgelt, weil Mann in die Bar geht → Mann geht in die Bar, weil Frau nörgelt usw… Jeder sieht dabei nur das Verhalten des Gegenübers und nimmt dies als Rechtfertigung für sein eigenes Verhalten.

Axiom IV: Menschliche Kommunikation bedient sich digitaler und analoger Sprache
Digital ist »das Wort« des zu bezeichnenden Gegenstandes, zum Beispiel »die Milch«.
Analog beschreibt, was mit dem Wort gemeint ist oder die Funktion, zum Beispiel: »Die weiße Flüssigkeit im Glas kann man trinken«.
Diese weiße Flüssigkeit bleibt die gleiche Flüssigkeit egal welchen Namen man für sie hat. Somit ist das Wort (digital) immer etwas anderes als das, was es bezeichnet (analog). Worte aber auch Gedanken sollte man manchmal nicht so wichtig nehmen, sie sind nicht unbedingt identisch mit der tatsächlichen Realität. Oder können sie auf einem Stuhl, den Sie sich vorstellen, real sitzen?

Axiom V: Kommunikation ist entweder komplementär oder symmetrisch
Komplementäre Beziehungen sind gekennzeichnet durch eine sich gegenseitig ergänzende Unterschiedlichkeit zwischen Gastgeber und Gast. Der Gastgeber ist der Versorgende und der Gast lässt sich versorgen. Wenn diese Rollen stabil bleiben, wird es diesbezüglich aller Voraussicht nach keine Konflikte geben (■ Abb. 5.10).

In **symmetrischen Beziehungen** hingegen streben beide nach Gleichheit. Wünscht der Gast Versorgung und wünscht der Gastgeber vom Gast versorgt zu werden, dann wird es schnell zu Konflikten kommen.

Die Profession im Service besteht darin, eine komplementäre Interaktionshaltung dem Gast gegenüber einnehmen zu können, ohne sich dabei selbst abzuwerten oder sich durch den

Gast abgewertet zu fühlen (komplementäre Rollen). Es kommt aber auch vor, dass Bartender Kollegen aufsuchen, um dann bei anderen die Gastrolle einnehmen zu können. Dieser Rollentausch kann sehr wohltuend sein. Konflikte können jedoch auftreten, wenn beide dann ihre Rollen vermischen.

In seinem Buch über menschliche Kommunikation beschreibt Watzlawick **kommunikative Paradoxien**. Diese sich inhaltlich widersprechenden Aussagen beschäftigen den menschlichen Geist schon seit über 2000 Jahren und somit auch unser Verhalten. Paradoxien erschüttern unser Vertrauen in die Folgerichtigkeit der Welt (Watzlawick 1969, S. 171).

Im Folgenden möchte ich Ihnen drei Beispiele für Paradoxien geben:
1. »Höre nicht auf mich!«
2. »Sei spontan!«
3. »Ich möchte, dass Du bestimmst!«.

Keine dieser Aufforderungen lässt sich ausführen, ohne in sich selbst einen Widerspruch zu erzeugen. Sie führen unweigerlich zur Verwirrung beim Empfänger.

Der bewusste Gebrauch von Paradoxien kann aber große therapeutische Wirkung entfalten. So kennt jeder die paradoxen Wirkungen, wenn man einem ungehorsamen Kind zum Beispiel sagt:»Du musst jetzt die ganze nächste Woche durchgängig ungehorsam sein, und wehe nicht.« In diesem Moment gerät das Kind in ein Dilemma. Entweder es folgt den Anweisungen, wenn es ungehorsam ist oder es verweigert den Ungehorsam und wird gehorsam. Das bewusste Einsetzen von paradoxen Interventionen sollte vorher wohl überlegt und durchdacht sein.

ⓘ **Merke!**
Wenn Sie sich von einem Gast geärgert fühlen, weil er jede Minute etwas anderes von Ihnen will, dann könnten Sie versuchen den Spieß sozusagen umzudrehen, indem Sie übertrieben häufig hingehen und besonders freundlich sind. Wahrscheinlich wird er dann sein forderndes Verhalten reduzieren. Ein Versuch ist es auf jeden Fall wert!

▪ **Übung 22**
Beobachten Sie Ihre Kommunikation nun unter Berücksichtigung und Anwendung der Axiome von Watzlawick. Richten Sie Ihre Aufmerksamkeit besonders auf die Unterscheidung zwischen Inhaltsebene und Beziehungsebene.

5.6.4 Die Kommunikationstheorie von Friedemann Schulz v. Thun

Schulz von Thun war bis 2009 Hochschullehrer am Fachbereich Psychologie der Universität Hamburg. Er und seine Kollegen Bernd Fittkau und Inghard Langer stellten sich schon Anfang der 1970er Jahre die Frage, wie sie die verschiedenen psychologischen Ansätze von Carl Rogers, Alfred Adler, Ruth Chon, Fritz Perls und Paul Watzlawick »unter einen Hut« bringen können (Schulz v. Thun 1981, S. 13). Dabei fanden sie, in Anlehnung und Ergänzung an Watzlawicks Axiom II heraus, dass jede menschliche Kommunikation von vier Seiten beleuchtet werden kann. So entstand das **Vier-Seiten-Kommunikationsmodell**, das vier mögliche Aussagen in der Kommunikation beschreibt. Da Kommunikation in der Gastronomie von sehr großer Bedeutung ist, möchte ich Ihnen die unterschiedlichen Möglichkeiten, wie eine Aussage verstan-

1 Sachaussage

3 Selbstaussage

»Herr Kellner,
in meinem
Cocktail ist
eine Fliege«

4 Appellaussage

2 Beziehungsaussage

❑ Abb. 5.11 Die vier Seiten einer Nachricht. (Nach © Schulz v. Thun)

den werden kann, nun etwas genauer erklären. Eine Nachricht des Senders enthält folgende vier Aussagen (❑ Abb. 5.11):

1. Die Sachaussage einer Nachricht entspricht der Inhaltsebene und gibt Auskunft darüber, worüber ich meinen Gesprächspartner informiere.

2. Die Beziehungsaussage einer Nachricht informiert darüber, was ich vom Gesprächspartner halte, wie ich zu ihm stehe beziehungsweise wie wir zueinander stehen.

3. Die Selbstoffenbarung einer Nachricht zeigt dem anderen, was ich von mir mitteile und was ich von mir kundgebe.

4. Der Appellaspekt einer Nachricht vermittelt, was ich mit meiner Aussage bewirken und wozu ich meinen Gesprächspartner bewegen will.

Folgende Situation könnte sich jeden Tag in der Gastronomie ereignen: Der Gast bestellt einen Cocktail, der Kellner serviert ihn freundlich und bekommt dann die Antwort: »Herr Kellner, in meinem Cocktail ist eine Fliege.«

Betrachten wir die vier Seiten der Botschaft etwas genauer, so könnte der Gast u.a. damit ausdrücken wollen, was in ❑ Tab. 5.2 aufgeführt ist.

Möchte der Gast die Botschaft als Sachaussage verstanden wissen, der Kellner hört sie jedoch auf seinem Appellohr, dann gibt es ein Missverständnis (❑ Tab. 5.3). Vielleicht wollte der Gast

❑ Tab. 5.2 Die vier Seiten einer Botschaft beim Sender

Sachaussage	Beziehungsaussage	Selbstaussage	Appellaussage
Im Cocktail ist eine Fliege!	Du schlampiger Kellner!	Ich bin ein empfindlicher Mensch!	Bringen Sie mir umgehend einen neuen Cocktail!

❑ Tab. 5.3 Die vier Seiten einer Botschaft beim Empfänger

Sachohr	Beziehungsohr	Selbstohr	Appellohr
Im Cocktail ist eine Fliege	Ich soll ein schlampiger Kellner sein?	Das ist ein empfindlicher Mensch.	Er möchte einen neuen Cocktail

lediglich mitteilen, dass sich in seinem Cocktailglas eine Fliege befindet. Da er in seinem Über-
lebenstraining erst kürzlich gelernt hat Fliegen zu essen, bietet sich ihm gerade die Gelegenheit,
seiner neuen Freundin zu zeigen, welch urwüchsiger Kerl er ist.

Grundsätzlich ist wohl eher der Sender einer Nachricht dafür verantwortlich, dass sie vom
Empfänger auch so verstanden wird, wie er sie verstanden wissen will. In unserem Beispiel
müsste der Gast zu verstehen geben, dass er zum Beispiel den Cocktail behalten möchte und
sich nicht vor der Fliege ekelt. Eine mögliche Reaktion des Kellners könnte darin bestehen, dass
er weitere Informationen vom Gast erfragt.

Wie kommt es nun, dass der eine eher mit dem »Sachohr« hört, während ein anderer eine
Nachricht tendenziell als Appell versteht? Das hängt sicherlich mit unserer Sozialisation und
unserer lebensgeschichtlichen Erfahrungswelt zusammen. Wir interpretieren Botschaften auf
dem Hintergrund unserer Erfahrungen, den daraus resultierenden Gedanken, Phantasien und
Erwartungen. Ein Gast, dessen Eltern streng und fordernd waren, hört eine Botschaft vielleicht
eher als Appell. Ein anderer wiederum, dessen Eltern eher sachlich und »kühl« waren, achtet
vielleicht grundsätzlich mehr auf den Inhalt einer Botschaft.

Jeder Mensch hat eine andere Lebensgeschichte und hat seine eigene, für ihn einzige Wahrnehmung und Wahrheit, die er als persönlichen Normalzustand (innere Balance) empfindet.

> **Beispiel**
> Schaut man in die Sonne, so bedarf es einiger Zeit, bis das Nachbild der Sonne in unseren
> Augen verschwindet und die Sehzellen wieder auf ihren Ausgangswert einjustiert sind. Erst
> dann können Sie erneut gut sehen.

So ähnlich könnte man es auch bezüglich der Meinungsbildung und Ansichten eines jeden von
uns verstehen. Aufgrund unserer Erfahrungen sind wir alle auf unseren individuellen Normalzustand einjustiert. Und jeder hat somit aus seiner Sicht betrachtet recht damit, wie er die Welt
sieht. Wenn ein Mensch von seiner gewohnten Normaljustierung abweicht, dann fällt es ihm
selbst auf. Probleme entstehen aufgrund der Tatsache, dass jeder aufgrund seiner Erfahrungen
einen bestimmten Ausgangszustand hat.

Eine Nervenzelle hat keine Moral und kümmert sich nicht darum, was richtig und gut ist.
Sie funktioniert nach ihren eigenen Gesetzmäßigkeiten, nimmt Reize auf, leitet diese weiter
und bildet komplexe Strukturen mit anderen Nervenzellen. Aufgrund dieser komplexen Syste-
me entstehen elektrische Spannungsunterschiede, die sich unaufhörlich entladen.

Einstellungen haben Ursachen und kommen nicht von ungefähr. So bilden sich lebensgeschichtliche Erfahrungen im Gehirn ab und formen und bilden die Grundlage der individuellen Interpretation von der Welt. Es könnte deshalb klüger sein zu fragen, »wie« ein anderer
Mensch die Welt sieht und »wie« es kommt, dass er sie so zu sehen gelernt hat, als darum zu
streiten, wer denn nun die Welt richtig wahrnimmt und interpretiert. Eine beschreibende
Sichtweise finde ich deshalb nützlicher als eine bewertende. Nehmen Sie beispielsweise einen
Barhocker. Wenn Sie diesen beschreiben, dann können Sie sagen: »Er ist 120 cm hoch, aus Le-
der und schwarz«. Es wird kaum jemanden geben, mit dem Sie deshalb in Konflikt geraten werden. Gehen Sie dann aber auf die Bewertungsebene und sagen »das ist ein schöner Barhocker«,
so eröffnen Sie Raum für Konflikte, da es am Betrachter liegt, wie er etwas interpretiert. Wäre

die Bar ohne Menschen, dann stünde der Stuhl noch immer da, aber es gäbe keine Bewertungen mehr. Also, was bedeutet denn letztlich »dieser Stuhl ist schön«?

> **Beispiel**
> Wenn 20 Menschen einen Kinofilm sehen, so wird jeder etwas anderes dabei wahrnehmen und erleben, obwohl objektiv betrachtet alle den gleichen Film sehen.

Dass dem so ist, liegt an der Unterschiedlichkeit der Erfahrungen und somit der Gehirne und nicht an der Willkür des Willens. Die Nutzung von Informationen aus vielen verschiedenen Gehirnen, indem beispielsweise jeder Mitarbeiter Gehör findet, kann deshalb für Unternehmen sehr förderlich sein. So wird die Wahrscheinlichkeit erhöht, sich einer objektiven Realität anzunähern. Und außerdem wird der Problemlöseraum erweitert.

Konfliktsituationen könnte man beispielsweise so angehen, indem man die Gedanken auf ihren Wahrheitsgehalt hin überprüft. Oft kann man dann feststellen, dass diese verzerrt und unrealistisch sind. Da viele unserer Gedanken prinzipiell bewusstseinsfähig sind, können wir sie identifizieren, prüfen und verändern. Häufig sind Gedanken verzerrt und unrealistisch. Beispiele für Verzerrungen sind: Schwarz-Weiß-Sehen, Entweder-Oder-Denken, Vergrößern, Verkleinern, unnötiges Übertreiben oder Katastrophisieren, Generalisieren (von einem Merkmal auf die ganze Person schließen), Auf- und Abwerten und Ausblenden, was unangenehm erscheint (s. ▶ Kap. 2.2.3).

Sattdessen könnte man nach alternativen, realistischen Aussagen und Einstellungen suchen und ausprobieren, wie es einem damit geht.

ⓘ Merke!
Je besser wir die Ursachen möglicher Missverständnisse und Konflikte erkennen können, umso besser wird es uns gelingen, sie auch erfolgreich zu bewältigen. Eine gestörte Kommunikation lässt sich oft klären, indem man nachfragt oder eine andere Einstellung zu seinen Gedanken und seinem Gegenüber entwickelt. Menschen haben unterschiedliche, auf den individuellen Normalzustand justierte Gehirne.

▪ Übung 23
Suchen Sie sich bitte einen Kollegen, beginnen mit ihm ein kurzes Gespräch und achten darauf, mit welchen Ohren er bevorzugt hört und welche Ohren Sie möglicherweise »überhören«.

Machen Sie es ebenso mit den Mündern. Achten Sie darauf, wie Sie Ihre Aussage verstanden haben möchten und ob Sie ihr Gegenüber richtig versteht.

Danach besprechen Sie die Übung. Sie können die Übung auch zu dritt machen (Sprecher, Zuhörer, Beobachter). Derjenige, der spricht achtet auf die Münder, und derjenige, der hört achtet auf die Ohren. Der Beobachter sagt, was ihm aufgefallen ist.

5.6.5 Die Kommunikationstheorie von Eric Berne

Ein anderes Konzept der Kommunikation, die Transaktionsanalyse (TA), geht auf Eric Berne (1910–1970) zurück, der die TA für jedermann zugänglich machen wollte. Die TA ist heute sowohl eine Kommunikationstheorie, eine Theorie der menschlichen Persönlichkeit und zugleich ein psychotherapeutisches Verfahren, das weltweit praktiziert wird. Grundsätzlich geht

Das **EL** beinhaltet die von den Eltern, den Vorbildern und der Gesellschaft vermittelten Regeln und Gebote sowie die daraus resultierenden Verhaltensweisen.

Das **ER** beinhaltet realistische, verhältnismäßige Verhaltensweisen im Hier und Jetzt.

Das innere **K** beinhaltet das Denken, Fühlen und Verhalten, welches aus der Kindheit stammt. Daraus resultiert ein Verhalten, als sei man noch Kind.

Abb. 5.12 Die Ich-Zustände in der Transaktionsanalyse

die TA davon aus, dass Menschen drei sogenannte Ich-Zustände haben, zwischen denen sie, je nach Situation und Gesprächspartner, immer hin und her wechseln (engl. *switchen*) können. Vieles dabei verläuft unbewusst. Mit etwas Training jedoch lassen sich die Ich-Zustände immer besser beobachten und steuern. Dieses Modell kann Ihnen bei der Kommunikation mit Gästen weiterhelfen, wenn Sie einmal mit Ihrem »kommunikativen Latein« am Ende sind.

Das Ich-Zustandsmodell

Gemäß Bernes Theorie der TA hat jeder Mensch drei Ich-Zustände. Ein sogenanntes Eltern-Ich (**EL**), ein Erwachsenen-Ich (**ER**) und ein Kindheits-Ich (**K**) (Abb. 5.12).

Auch bei der Entstehung der Ich-Zustände spielen die Erfahrungen und die lebensgeschichtliche Entwicklung eine wichtige Rolle. In jedem dieser Ich-Zustände besteht ein für jeden Menschen individuell typisches Denken, Fühlen und Handeln.

> **Beispiel**
> Wirkt ein Gast sehr fordernd, so befindet er sich möglicherweise in seinem **EL**. Das könnte sich dann folgendermaßen anhören: »Was ist das denn für ein schlampiger Laden hier, wo haben Sie denn ihre Ausbildung gemacht?«
> Eine erwachsene Verhaltensweise (**ER**) würde sich vielleicht so anhören: »Ich sehe, dass Sie heute viel zu tun haben, wären Sie bitte so freundlich und denken noch an meine Bestellung«.
> Ein anderer Gast, der aus dem **K** heraus reagiert, würde eher sagen: »Ich habe Durst, nun hätte ich aber gern mein Getränk, immer gehen Sie zu den anderen und an mir vorbei«.

Sicher sind dies nur fiktive Beispiele, sie können Ihnen jedoch zeigen, wie sich verschiedene Ich-Zustände bei Menschen äußern. Ich-Zustände haben typische Anzeichen, an denen wir erkennen können, in welchem Zustand sich unsere Gäste sowie wir selbst befinden. Im Folgenden möchte ich Ihnen einige Beispiele dazu geben.

Typische Anzeichen des EL-Ich eines Gastes

- auf der sprachlichen Ebene:
    - »Ich werde dafür sorgen, dass Sie entlassen werden.«
    - »Ich kann es absolut nicht ertragen, dass …«
    - »Sie müssen immer daran denken, dass …«
    - »Sie dürfen nicht vergessen, dass …«
    - »Wie oft habe ich Ihnen schon gesagt, dass …«

»Immer« und »nie« sind meistens Eltern-Ich-Wörter, gekoppelt an ein rigides Verhalten, das nichts anderes duldet als die eigene Meinung.

- auf der körperlichen Ebene:

gerunzelte Augenbrauen, ausgestreckte Zeigefinger, Seufzen, Stirnfalten, der »entsetzte Augenaufschlag«, gespitzte Lippen, mit dem Fuß auf den Boden klopfen, Zungenschnalzen, die Arme in die Seiten stemmen, Hände ringen, Arme vor der Brust verschränken, einem anderen den Kopf tätscheln … (nach: Harris 1975, S. 95).

Typische Anzeichen des ER-Ich eines Gastes

- auf der sprachlichen Ebene:

»warum?«, »wo?«, »wann?«, »was?«, »wer?«, »wie?«, »wie viel?«, »wahrscheinlich«, »auf welche Weise?«, »möglich«, »verhältnismäßig«, »unbekannt«, »richtig« oder »wahr«, »objektiv«, »verkehrt«, »falsch« oder »unwahr«, »ich finde«, »ich denke«, »ich glaube«.

- auf der körperlichen Ebene:
    - Das Gesicht trägt nicht eine ausdruckslose Mine zur Schau.
    - Wenn jemand mit seinem Erwachsenen-Ich zuhört, so kann man beobachten, wie er dabei unablässig mit dem Gesicht, den Augen und dem ganzen Körper Bewegungen macht.
    - Messungen haben ergeben, dass in diesem Zustand das Augenblinzeln alle drei bis fünf Sekunden auftritt.
    - Reglosigkeit ist dementsprechend das Zeichen dafür, dass jemand nicht zuhört, jedenfalls nicht mit seinem Erwachsenen-Ich.
    - Das Gesicht des Erwachsenen-Ichs ist offen und dem Partner direkt zugewandt.
    - Hält jemand seinen Kopf zur Seite geneigt oder gerade? Eine gerade Kopfhaltung würde eher konfrontativ wirken, während ein zur Seite geneigter Kopf eher einen Kampfverzicht signalisieren könnte (nach: Harris 1975, S. 98/99).

Typische Anzeichen des K-Ich eines Gastes sind

- auf der sprachlichen Ebene:
    - »Ich will …«, »Ich wünsche mir …«, »Ich möchte … « »Mir doch egal!«
    - »Weiß ich doch nicht« (häufig mit folgendem »aber«)
    - »Ich will jetzt sofort meinen Drink« → unmittelbare Bedürfnisbefriedigung

Beispiel 1:

Gast 1

»Was ist das denn für ein schlampiger Laden, wo haben Sie denn ihre Ausbildung gemacht?«

Beispiel 2:

Gast 2

»Jetzt hätte ich aber gern mein Getränk, immer gehen Sie zuerst zu den anderen«

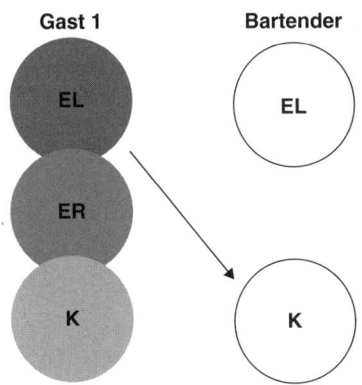
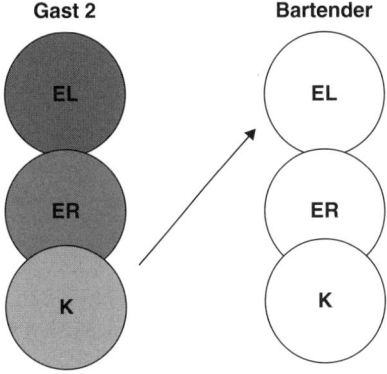

☐ **Abb. 5.13** Das Zwei-Personen-Modell

Viele Superlative (größer, am größten, besser, am besten) kommen aus dem Kindheits-Ich. Sie bedeuten Trümpfe bei dem Spiel »meins ist besser«.

— auf der körperlichen Ebene:
Tränen, Achselzucken, zitternde Lippen, niedergeschlagene Augen, Schmollen, Betteln, Wutanfälle, Entzücken, hohe weinerliche Stimme, Lachen, rollende Augen, Nägelkauen, die Hand heben, wenn man was sagen möchte, Grimassen schneiden (nach: Harris 1975, S. 97).

ℹ **Merke!**
Dies sind nur Beispiele dafür, wie sich die Ich-Zustände Ihrer Gäste äußern könnten und bedenken Sie, dass es auch anders sein kann. Es ist nicht immer auf den ersten Blick zu erkennen, in welchem Ich-Zustand sich Ihr Gegenüber gerade befindet. Ich-Zustände sind unmittelbar und können schnell wechseln. So mag ein Gast zunächst sehr bedürftig wirken (K) und im nächsten Moment anklagend und zurechtweisend sein (EL).

■ **Übung 24**
Beachten Sie sich selbst einmal genauer mit Blick auf Ihre Ich-Zustände. Versuchen Sie herauszufinden, in welchem jeweiligen Ich-Zustand Sie sich gerade befinden und achten darauf, wenn Ihr Ich-Zustand möglicherweise wechselt. Anschließend versuchen Sie das gleiche bei Ihren Gästen.

Das Zwei-Personen-Modell
In folgenden Beispielen treten zwei Personen (Bartender und Gast) mit ihren jeweiligen Ich-Zuständen miteinander in Beziehung (☐ Abb. 5.13). Betrachten wir uns zunächst einen Bartender mit zwei verschieden Gästen im Beziehungsdiagramm. Beide Gäste sprechen aus unterschiedlichen Ich-Zuständen heraus.

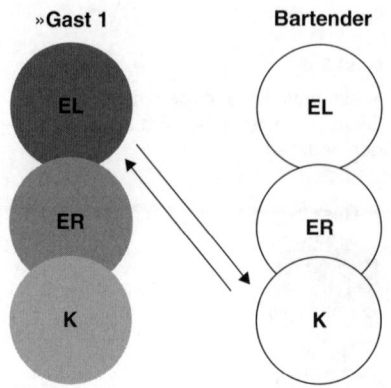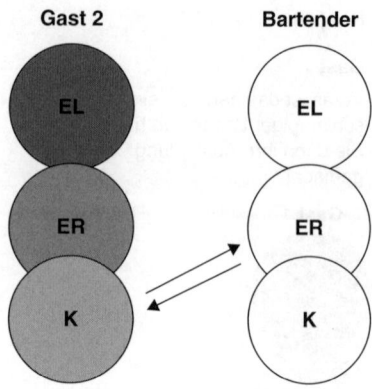

Abb. 5.14 Komplementäre Transaktionen

Gast 1 spricht aus seinem Eltern-Ich zum Kind-Ich des Bartenders.
Gast 2 spricht aus seinem Kind-Ich zum Eltern-Ich des Bartenders.

Prinzipiell entspringt jede kommunikative Aussage einem der oben genannten Ich-Zustände und richtet sich an einen bestimmten Ich-Zustand des Gegenübers.

Damit verbunden sind immer auch bestimmte Gedanken und Gefühle, die Sprachmelodie, die Körpersprache usw., die dem jeweiligen Ich-Zustand entsprechen. Kommunikation verläuft solange reibungslos, solange der Bartender auf seine Gäste »komplementär« reagiert.

Komplementäre Transaktionen

Transaktion bedeutet Ansprache/Stimulus plus eine Antwort/Reaktion und bildet die grundlegende Einheit jedes zwischenmenschlichen Geschehens. »Die Reaktion ist so, wie sie der Situation angemessen ist und erwartet wird«, d.h. sie ist komplemantär (Regel 1, Berne 1967).

Der Bartender reagiert, trotz unterschiedlicher Ich-Zustände seiner Gäste, beiden gegenüber komplementär (**Abb. 5.14**). Zu Gast 1 sagt er beispielsweise: »Jawohl mein Herr, ich werde es sofort in Ordnung bringen«. Und zu Gast 2 sagt er vielleicht: »Bitte haben Sie noch einen Augenblick Geduld, ich komme auch gleich zu Ihnen«.

Menschen können sich auf allen drei Ebenen begegnen und verstehen, solange ihre Kommunikation komplementär verläuft. Zum Beispiel können sich zwei Gäste völlig darin einig sein, dass der Service schlecht ist und die Bartender früher besser waren. Beide würden hierbei vielleicht aus dem Eltern-Ich heraus reagieren.

Kreuz-Transaktionen

Beobachten wir ein Paar beim Flirten, dann könnte es sein, dass beide aus ihrem Kind-Ich heraus reagieren und miteinander Händchenhalten und Küssen spielen.

Käme nun ein Dritter hinzu, der beide aus seinem Eltern-Ich heraus ansprechen würde, und sagt: »So etwas tut man aber nicht in der Öffentlichkeit«, dann entstünde ein Konflikt. Solche Transaktionen, wie sie in der nachfolgenden Abbildung (**Abb. 5.15**) dargestellt sind, werden als Kreuz-Transaktionen bezeichnet.

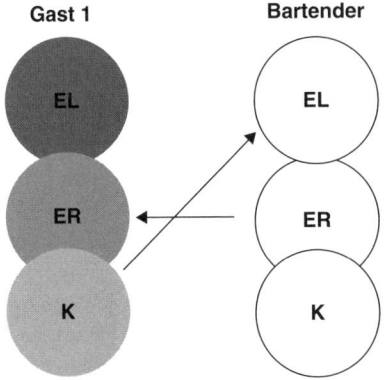
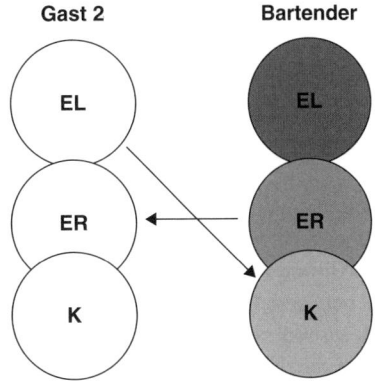

◘ **Abb. 5.15** Kreuz-Transaktionen

Kreuz-Transaktionen führen unweigerlich zu Konflikten, weshalb Sie diese kennen und möglichst vermeiden sollten. In Gesprächssituationen treten diese immer wieder auf und es gibt Menschen, die sich dabei so richtig wohl fühlen. Dies kann sogar physiologisch bedingt sein, denn bei manchen Menschen sind bestimmte Botenstoffe im Gehirn zu gering vorhanden (s.Kap 3.2, *sensation seeking*). Um sich wohlfühlen zu können, benötigen sie mehr Reize, die sie zum Beispiel durch Streit und innerliche Erregung beziehungsweise Stress herstellen. Während die einen in einer Auseinandersetzung längst kapitulieren, weil das Gewitter im Kopf zu stark geworden ist, fühlen sich andere vielleicht erst so richtig wohl.

Eine konfliktfreie Beziehung zum Gast erfordert in der Regel eine komplementäre Gesprächshaltung ihm gegenüber. Dies wird aber nicht immer möglich sein. Die Fähigkeit, Emotionen bei sich und anderen regulieren zu können, ist Voraussetzung für eine gute Gesprächsführung und hängt wesentlich vom Grad der emotionalen Intelligenz ab (s. ► Kap. 2.4.2). Aber wohin mit den Gefühlen, wenn man aufgrund der Rolle dazu »verpflichtet« ist »nett und freundlich« zu sein, obwohl man es manchmal eigentlich nicht sein will?

Sich den Wünschen anderer komplementär anzupassen erfordert eine bestimmte Arbeit, die man in der Psychologie als »Emotionsarbeit« bezeichnet (s. ► Kap. 7.2.3). Hierzu möchte ich kurz einen der führenden Forscher auf dem Gebiet der Emotionsarbeit zitieren:

»Im Mittelpunkt der Arbeit stehen **emotionale Anforderungen**, die ein Arbeitsplatz an den Arbeitnehmer stellt. Dies beinhaltet, dass es betrieblicherseits gefordert wird, dass man bei der Arbeit im Umgang mit Kunden, Klienten etc. bestimmte Emotionen zeigt. Beispiele sind, dass Flugbegleiter (auch unfreundliche) Gäste freundlich behandeln müssen oder dass Krankenpfleger den Patienten gegenüber Mitgefühl zeigen müssen. Die emotionalen Anforderungen spielen insbesondere im **Dienstleistungsbereich** eine große Rolle. Emotionale Anforderungen können sehr unterschiedlich und vielfältig sein, z.B. sehen die Anforderungen an Bankkaufleute im Umgang mit Kunden anders aus als die Anforderungen an das Kabinenpersonal im Kontakt mit Fluggästen oder an Krankenpflegepersonal bei der Betreuung von Pflegebedürftigen.« (Quelle: Zapf et al.; http://web.uni-frankfurt.de/fb05/psychologie/Abteil/ABO/forschung/emoarbeit.htm, abgerufen am 30.03.2012)

ℹ Merke!

Ein wesentliches Ziel von uns Menschen ist es, mit unseren inneren Spannungen gut umgehen zu können. Wir fühlen uns meistens dann ausgeglichen, wenn die Realität mit unseren Wünschen übereinstimmt. Zu inneren Konflikten (Dissonanzen) kommt es, wenn widersprüchliche Ziele in uns gleichzeitig aktiviert sind oder wenn der Ist-Zustand vom Soll-Zustand stark abweicht. Damit wir zufrieden leben können ist es wichtig, dass wir unsere Gefühle und Beziehungen regulieren können.

▪ Übung 25

Suchen Sie sich bitte einen Kollegen und beginnen mit ihm ein kurzes Gespräch. Beachten Sie dabei, aus welchem Ich-Zustand er bevorzugt spricht und aus welchem Ich-Zustand Sie reagieren. Üben Sie dabei komplementäre Transaktionen. Um auf Kreuz-Transaktionen vorbereitet zu sein, spielen Sie auch diese. Danach besprechen Sie die Übung. Sie können die Übung auch zu dritt machen (Sprecher, Zuhörer Beobachter).

5.6.6   Das Arbeiten in der Gruppe: Teampsychologie

Die Arbeit in Hotel und Gastronomie bedeutet auch immer ein Zusammenarbeiten mit Kollegen, Mitarbeitern und Vorgesetzten. Der gemeinsame Nenner aller ist die Interaktion. Die Interaktion der Mitglieder führt zu bestimmten Ergebnissen (engl. *outcomes*) für jedes Mitglied einer Gruppe. Eine Gruppe besteht aus mindestens drei Personen, so dass zwei Mitglieder eine Allianz gegen ein Mitglied bilden könnten.

Gruppenleistung

Das Ergebnis einer Gruppenarbeit bezeichnet man allgemein als Gruppenleistung. Dieses Ergebnis wiederum motiviert nach Stroebe (2007) andere, einer Gruppe aufgrund folgender Aspekte beitreten zu wollen:

— wegen der zwischenmenschlichen Anziehung,
— weil die Aufgabe der Gruppe ihnen etwas bedeutet,
— weil sie die Interaktion schätzen,
— wegen externer Belohnung (z.B. Geld, Statuserhöhung durch Gruppenbeitritt).

Bei der Aufgabenverteilung im Team gibt es sogenannte **unterteilbare Aufgaben**, wie das Eingießen einer Wasserflasche, und **teilbare Aufgaben,** zum Beispiel zwei Köche bereiten das Essen zu und zwei andere Mitarbeiter servieren es. Im Wesentlichen unterscheidet man folgende Aufgabentypen:

— **Additive Aufgaben:** Zum Beispiel servieren drei Kellner ein Menü gleichzeitig.
— **Kompensatorische Aufgaben:** Das Ergebnis zeigt die Durchschnittsleistung der Gruppe. Alle Kellner sollen zum Beispiel die Anzahl der Gäste im Saal schätzen. Daraus wird dann der Mittelwert gebildet.
— **Disjunktive Aufgabe:** Es genügt, wenn ein Mitarbeiter die Aufgabe löst. Zum Beispiel möchte ein Gast ein Glas Wasser und er bringt es ihm.
— **Konjunktive Aufgabe:** Diese Aufgabe erfordert die Übereinstimmung aller Mitarbeiter, um die Aufgabe lösen zu können, beispielsweise bei der Urlaubsplanung.

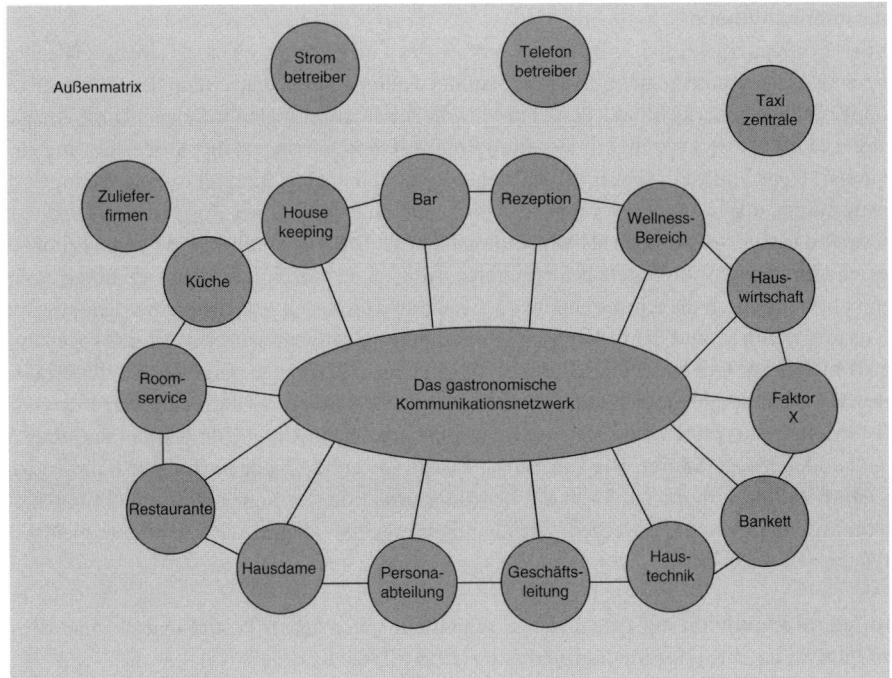

Abb. 5.16 Das gastronomische Kommunikationsnetzwerk (© Lampert)

5.6.7 Das gastronomische Kommunikationsnetzwerk

Die interpersonelle Kommunikation innerhalb eines Hotels, eines Restaurants oder einer Hotelkette bedarf der Abstimmung vieler einzelner Kommunikationseinheiten und -ebenen untereinander (◘ Abb. 5.16). Die einzelnen Arbeitsbereiche und Teams können in einem Organigramm oder auch als Beziehungsnetz dargestellt werden.

Ein anderer Ausdruck für Netz ist »Matrix«. Jeder Mitarbeiter lebt sowohl in seiner eigenen Matrix, ist Mitglied einer Gruppenmatrix und diese wiederum ist eingebettet in eine Großgruppenmatrix. Der Unterschied von einer kleinen Gruppe (bis etwa 12 Personen) und einer Großgruppe ist, dass man in einer kleinen Gruppe alle Mitglieder noch relativ gut beobachten kann, was in einer Großgruppe nicht mehr möglich ist. Kleinere gastronomische Betriebe haben meistens eine Gruppenmatrix, Hotels hingegen häufig eine Großgruppenmatrix. Beide sind von einer Außenmatrix umgeben.

Um einen reibungslosen Ablauf gewährleisten zu können, muss sich jeder Arbeitsbereich im Netz auf die anderen verlassen können. Bereits die geringste Kommunikationsstörung unter einzelnen Mitgliedern kann große Probleme nach sich ziehen.

Ob es einer Gruppe möglich ist, die ihr gestellten Aufgaben zu lösen, hängt einerseits von der Schwierigkeit der Aufgaben ab, andererseits spielen die menschlichen Ressourcen der Mitarbeiter, wie zum Beispiel Wissen, Fähigkeiten, Fertigkeiten, Übung, Werkzeuge usw. eine wichtige Rolle.

Gruppenphänomene

Ist das Gruppenergebnis kleiner als die Summe der Einzelleistungen, dann liegt soziales Faulenzen oder der Ringelmann-Effekt vor. **Soziales Faulenzen** entsteht, wenn die Einzelleistung in einer Gruppe nicht sichtbar ist und ein Mitarbeiter daraufhin seine Arbeitsleistung, Anspannung und Motivation verringert. Der **Ringelmann-Effekt** verringert die Arbeitsleistung eines Teams in Folge von Koordinationsverlusten. Sie entstehen zum Beispiel in Folge mangelnder Abstimmung, oder wenn die Arbeitskraft nicht auf ein gemeinsames Ziel hin ausgerichtet ist. Diese sind leichter zu beheben als Motivationsverluste. Die Anwesenheit von Gästen erhöht die Unsicherheit eines Mitarbeiters bei ungeübten Tätigkeiten, bei einfachen oder geübten Aufgaben kommt es durch die Anwesenheit von Gästen und Kollegen jedoch zu einer Leistungsverbesserung (Shiffrin und Schneider 1977). Ein anderes Gruppenphänomen ist das sogenannte **Trittbrettfahren.** Der Begriff beschrieb ursprünglich das Verhalten von Nutzern der Straßenbahn, die nicht bezahlen wollten. Im Team bedeutet dies, dass ein Mitarbeiter den Nutzen aus der Gruppe zieht, ohne einen eigenen Beitrag zu erbringen. Unter den Gästen sind dies die sogenannten **Mercy-Säufer.** Die kompensatorische Gegenbewegung zu Trittbrettfahrern wird als **Gimpeleffekt** bezeichnet. Es ist die Leistungsreduktion der Kollegen, um nicht von Trittbrettfahrern ausgenutzt zu werden. Die Lösung hierbei ist, identifizierbare und vergleichbare Aufgaben zu verteilen.

Gruppenproduktivität entspricht der sogenannten potenziellen Produktivität unter Abzug von Motivation und Koordinationsverlusten (Gp= pP-Mv-Kv).

In einer Untersuchung zum **Produktionsverlust** (Mv+Kv) in Teams konnten Latane et al. (1979) nachweisen, dass es bei zwei Personen bis zu 29 Prozent, bei vier Personen bis zu 49 Prozent und bei einem Team von sechs Personen bis zu 60 Prozent Produktionsverlust kommen kann.

Ein **soziales Dilemma** beschreibt zum Beispiel das Verhalten eines Mitarbeiters, der anstatt für die Gruppe für sich selbst arbeitet. Ein Wettbewerbskampf behindert ein gegenseitiges Mögen und führt ebenso wie das Trittbrettfahren oder das soziale Faulenzen zu einer schlechteren Gruppenleistung.

Bei **kooperativem Arbeitsverhalten** teilen sich die Gruppenmitglieder den Erfolg (z.B. Trinkgeld) aber auch den Misserfolg. Kooperation bedeutet, dass die Kollegen ein gemeinsames Gruppenziel verfolgen, zum Beispiel erfolgreichstes Barteam zu werden. Kooperation ist produktiver, birgt weniger Koordinationsverluste und hat eine stärkere wechselseitige Anziehung.

Im alltäglichen Geschäftsbetrieb ist es immer wieder erforderlich, Entscheidungen zu treffen. Untersucht man die Entscheidungsfindung etwas genauer, so kann man häufig folgende Schemata finden, nach denen vorgegangen wird:

- **Die Mehrheit gewinnt:** Häufig zu finden bei Bewertungen und ästhetischen Urteilen, bei denen es keine eindeutige korrekte Antwort gibt (z.B. Musik, Raumtemperatur).
- **Die Wahrheit gewinnt:** Bei intellektueller Fragestellung. Die richtige Entscheidung kann auch eine Einzel- oder Minderheitsmeinung sein, zum Beispiel bei der Frage, welche Zutaten in den »Mochito« gehören.
- **Ausgewogene Wahrscheinlichkeit:** Eine Entscheidung bei hoher Unsicherheit. Jegliche Wahl ist möglich, sobald zumindest ein Mitglied sich anfänglich für diese Wahl ausgesprochen hat.

Kenntnisse über die sozialen Prozesse in der Gastronomie sind unerlässlich, wenn man verstehen möchte, auf welcher psychologischen Basis soziales Handeln stattfindet. Wer sich näher mit Fragen zur Sozialpsychologie beschäftigen möchte, der findet vertiefte und auch verständliche Informationen bei Wolfgang Stroebe (*Sozialpsychologie* 2007).

🛈 **Merke!**
   Ein kompetenter Bartender ist keine Garantie für Erfolg, wenn er seine Fähigkeiten verweigert oder diese durch Vorgesetzte blockiert werden!

■ **Übung 26**
Suchen Sie sich bitte einen Kollegen oder eine andere Person. Jeder möge ausführlich über folgende Fragen nachdenken und die Antworten notieren. Anschließend tauschen Sie sich über die Ergebnisse aus.
1. Verfügen sie als Gruppenmitglied über genügend Ressourcen, um Ihre Arbeit mit Erfolg ausführen zu können?
2. Wenn nicht, was bräuchten Sie zusätzlich an Know How?
3. Schlagen Sie richtige Lösungen auch vor, wenn sie welche haben?
4. Erfahren korrekte Lösungen in Ihrer Arbeitsgruppe öfter Unterstützung als falsche?

5.6.8 Die »Bar« in der Bar

Aus psychologischer Sicht ist die Bar (◨ Abb. 5.17) eine reale und soziale Barriere, aber auch ein Verbindungsglied zwischen Bartender und Gästen. So wird unterschieden zwischen »hinter der Bar« und »vor der Bar« (dem Gastraum). Der Raum hinter der Bar ist normalerweise und ausschließlich dem Bartender vorbehalten, während der Gastraum beim Servieren auch vom Bartender durchquert wird. Man unterscheidet somit Grenzen innerhalb der Rollen, also zwischen Bartender und Gast, sowie zwischen den »funktionellen« Räumen«, hinter der Bar und dem Gastraum. Befindet sich in der Bar beispielsweise eine Tanzfläche, so ist dies ein Bereich, der in aller Regel dem Gast vorbehalten ist.
   In der Beziehungsgestaltung zwischen Gast und Bartender geht es auch immer um das Einhalten von unausgesprochenen und ausgesprochenen Regeln. Unausgesprochen gilt zum Beispiel die Regel, dass man als Gast weiß, dass man nichts hinter der Bar zu suchen hat.

Kommt nun ein Gast hinter die Bar, so würde er vom Bartender sicherlich freundlich »in seine Schranken« gewiesen (ausgesprochene Regel) und bei weiterer Ignoranz der Bar verwiesen. Hierbei zählt: Wer das Hausrecht hat, der bestimmt. Wo Grenzen und Barrieren sind, da besteht natürlich auch immer die Möglichkeit, dass diese überschritten werden.
   Wann wäre für Sie eine Grenze überschritten? Bereits dann, wenn ein Gast hinter die Bar greift, um sich eine Serviette oder einen Eiswürfel zu nehmen, oder erst dann, wenn er hinter die Bar kommt, um sich ein Bier zu zapfen?
   Hier hat sicher jeder seine eigene Vorstellung. Um die Frage zu beantworten, könnten Sie Bezug nehmen auf die Nähe- und Distanzzonen des Menschen (s. ▶ Kap. 5.6.1). Je vertrauter die Beziehung zum Gast ist, umso mehr Nähe würden Sie sicherlich zulassen. Aber es gibt

▢ **Abb. 5.17** Die »Bar in der Bar« (© Sean Locke/iStockphoto.com)

auch Gäste, die aufgrund ihrer Persönlichkeit eher dazu neigen, Grenzen zu überscheiten und wiederum andere Gäste, die sich das niemals trauen würden.

Menschen mit eher symbiotischer Beziehungsgestaltung bemerken die Grenzen des anderen oft erst dann, wenn man sie ihnen aufzeigt. Während andere, für die Autonomie und Abgrenzung sehr wichtig sind, Grenzen vielleicht eher wahrnehmen und respektieren.

So gibt es hinter der Bar sicherlich Kollegen oder Vorgesetze, die dazu neigen, sich in die Handlungsabläufe anderer einzumischen. Und es gibt Mitarbeiter und Vorgesetze, welche die Grenzen und die Autonomie anderer achten und respektieren. Ob ein Mensch Grenzen eines anderen überhaupt als solche wahrnehmen kann und respektiert oder ob er sie überschreitet, ist nicht abhängig von seiner Rolle, sondern sehr von seiner Persönlichkeit. Andererseits gibt es Persönlichkeiten, die kaum ihre Grenzen setzen und sich nicht vertreten können. Bei diesen Menschen ist es dann kein Wunder, wenn sie von anderen ständig »überrollt« werden. Die zu Symbiose und Grenzüberschreitung neigenden Persönlichkeiten näher beschreiben zu wollen, würde an dieser Stelle zu weit führen. Dennoch stellt sich die Frage, wie man mit solchen Menschen umgehen sollte, seien es Kollegen, Vorgesetzte oder auch Gäste?

Nun, es gibt dafür keine Patentrezepte. Der Platz hinter der Bar ist nun einmal begrenzt, aber ich bin mir sicher, dass sich solche Probleme sehr schnell von alleine lösen. Ein Mitarbeiter, der keine Grenzen wahren kann, wird es bei der Enge zu den Kollegen hinter der Bar wohl kaum lange aushalten. Dieser Mitarbeiter fühlt sich vielleicht wohler beim Servieren oder als Nachtportier.

Diagnostik in der Gastronomie

6.1   Einleitung

Im ersten Kapitel habe ich Ihnen einen kurzen Überblick darüber gegeben, wie psychologische Fragestellungen untersucht werden können. Ein Hauptaugenmerk liegt dabei auf der Bildung von Hypothesen und der statistischen Prüfung von erhobenen Daten. Zum Erheben von Daten werden in der Psychologie oft **Tests** und **Fragebögen** verwendet. Im nun folgenden Kapitel möchte ich Ihnen einen Anwendungsbereich vorstellen, der auch innerhalb der Hotel- und Barpsychologie von großem Nutzen sein kann, die Hotel- und Bardiagnostik (◘ Abb. 6.1).

Den Begriff »Diagnostik« kennen Sie sicher aus der Medizin. Eine Diagnose steht am Ende eines vorhergehenden Untersuchungsprozesses. Und von ihr wiederum leiten sich Prognose und Therapie ab. Ebenso wie in der Medizin, so gibt es auch eine Diagnostik in der Psychologie. Die Aufgaben psychologischer Diagnostik sind zum Beispiel die Untersuchung von Intelligenz, die Überprüfung zur Schuleignung, Berufsauswahlverfahren, Fahreignungsüberprüfung, gerichtlich angeordnete Überprüfungen und Untersuchungen zur klinisch-psychologischen oder psychiatrischen Abklärung. Der Prozess der Diagnosestellung umfasst das Beschreiben, Messen und Klassifizieren eines Phänomens (z.B. eines Krankheitsbildes) sowie die daraus abgeleitete Prognose. Psychologische Diagnostik ermöglicht das Erfassen von Persönlichkeitsmerkmalen ebenso wie das Ermitteln der Bedingungen menschlichen Verhaltens.

Zu den diagnostischen Untersuchungsinstrumenten gehören zum Beispiel standardisierte (vereinheitlichte) Testverfahren, die bestimmte Gütekriterien aufweisen. **Gütekriterien** sind ein Maß für die Qualität eines Tests und machen diesen der wissenschaftlichen Überprüfung und Bewertung zugänglich. Die Genauigkeit eines Fragebogens oder Tests hängt vor allem von den Hauptgütekriterien Objektivität, Reliabilität und Validität ab.

Die **Objektivität** bezieht sich auf die Unabhängigkeit der Testergebnisse von der Person des Untersuchers. Man unterscheidet: Durchführungsobjektivität, Auswertungsobjektivität und Interpretationsobjektivität. Die **Durchführungsobjektivität** eines Tests bezieht sich auf die Unabhängigkeit von der Person, die ihn durchführt. Eine hohe **Auswertungsobjektivität** liegt vor, wenn unterschiedliche Testauswerter zu den gleichen Testwerten kommen. Und eine hohe **Interpretationsobjektivität** liegt vor, wenn beispielsweise unabhängige Bartender bei gleichem Auswertungsergebnis zu dem gleichen Schluss kommen.

Die **Reliabilität** (Zuverlässigkeit) sagt aus, ob ein Messinstrument (z.B. ein Test) die Daten zuverlässig erfasst. Bei wiederholter Messung sollte das gleiche Ergebnis erzielt werden.

Die **Validität** ist ein Maß dafür, ob ein Messinstrument (z.B. ein Test) auch wirklich das Merkmal erfasst, das man erfassen wollte. Der Zusammenhang zwischen Reliabilität und Validität lässt sich wie folgt beschreiben: Voraussetzung für die Validität eines Messinstruments ist die Reliabilität des Messinstruments. Aber: Es kann eine reliable Messung erfolgen, ohne dass das Instrument gleichzeitig auch valide ist.

Warum erkläre ich Ihnen das alles so ausführlich? Um Ihnen zu zeigen, dass psychologische Aussagen nicht einfach dem bloßen Einfall entspringen, sondern meistens das Ergebnis eines langen diagnostischen Prozesses sind. Will ich beispielsweise die »Gästezufriedenheit« messen, dann muss ein Test in der Lage sein, auch genau dieses Merkmal zu erfassen (Validität) und sollte nicht beispielsweise die Depressivität einer Person messen. Sicherlich könnte

◘ **Abb. 6.1** Diagnostik, gastronomische Prozesse unter der Lupe (© Hemera/Thinkstock)

es auch einen Zusammenhang zwischen Gästezufriedenheit und individueller Depressivität geben, aber wenn ich »A« messen will, dann darf nicht »B« herauskommen.

Mit einem anderen Test, wie zum Beispiel mit dem BDI (Beck-Depressions-Inventar), ließe sich dann »B«, der Grad der Depressivität eines Gastes, messen. Hierbei ist natürlich immer auch von Bedeutung, welche Aussagekraft die Antwort auf Ihre Frage haben soll? Wollen Sie eine intuitive Aussage, eine aus dem Bauch heraus, die ja auch richtig sein kann, oder die bestmögliche Aussage? Um dies zu beantworten, stellen Sie sich die gleichen Fragen in Bezug auf eine ärztliche Diagnose. Wären Sie mit einer intuitiven Aussage zufrieden, wenn es zum Beispiel darum geht, ob Ihr Zuckerspiegel, Ihr Blutdruck oder Ihr Cholesterinspiegel zu hoch ist? Sicher nicht. Deshalb frage ich, weshalb sollte der Gastronom bei speziellen Fragen auf Antworten aus »dem hohlen Bauch heraus« angewiesen bleiben, wenn es Alternativen gibt? Aus diesem Grund möchte ich Sie in diesem Kapitel an das Thema der »Diagnostik« heranführen. (Verschiedene psychologische Onlinetests finden Sie unter: http://www.zpid.de/redact/category.php?cat=82. Und weitere Informationen z.B. bei der Testzentrale von Hogrefe: www.testzentrale.de)

6.2   Psychologische Diagnostik in der Gastronomie

Nehmen wir einmal an, von der Hotelküche werden versehentlich tagelang mit Salmonellen verdorbene Speisen an die Gäste ausgegeben und viele der Gäste werden davon krank. Die medizinische Symptomatik ließe sich dann im Labor relativ einfach und schnell untersuchen. Viel schwieriger und aufwändiger wäre jedoch zum Beispiel die Diagnostik des entstandenen psychischen Schadens bei den Gästen und bei denen, die davon zu hören bekommen. Das Vertrauen in die einst so gute und hoch gelobte Küche hätte sicher einen Knacks bekommen. Um den durch die Salmonellen entstandenen Schaden zu messen, könnte man dann den Verdienstrückgang in der abendlichen Kasse nehmen und mit den durchschnittlichen Einnahmen von der Zeit davor vergleichen. Aber so könnten wir immer noch nicht den Grad des verlorenen Vertrauens bestimmen und hätten auch noch keine Methode, mit der man den Verlust des Vertrauens wieder zurückgewinnen kann.

Dies ist ein Beispiel dafür, was trotz hoher Hygienestandards in der Gastronomie leider immer wieder vorkommen kann. Und es beschränkt sich nicht nur auf Speisen, auch Getränke können verdorben sein. Bei der Diagnostik des Vertrauens, aber auch bei der Rückgewinnung von Gästen, kann psychologisches Wissen von großer Hilfe und Bedeutung sein. In welchen Bereichen die **Diagnostik in der Gastronomie** Verwendung finden könnte, möchte ich Ihnen nun etwas genauer aufzeigen. Diagnostik könnte bei der Erfassung der **Arbeitsanalyse,** der **Arbeitszufriedenheit,** der **Gästezufriedenheit,** der **Evaluation** von Maßnahmen, dem **Qualitätsmanagement** und bei Fragestellungen innerhalb neuer **Forschungsprojekte** von großem Nutzen sein.

6.2.1   Wozu eine Arbeitsanalyse?

Die Arbeitsanalyse ist ein Instrument, um personenbezogene Fragestellungen wie zum Beispiel die körperliche und psychische Eignung eines Chefkochs, eines Rezeptionisten oder eines Bartenders zu bestimmen. Hierzu zählen u.a. Merkmale wie körperliche Gesundheit und Ausdauer, Kommunikationsfähigkeit, Tauglichkeit zur Schichtarbeit, Frustrationstoleranz, Teamfähigkeit sowie soziale Kompetenzen. Mittels Arbeitsanalyse lassen sich Qualifikationsanforderungen als auch Trainings- und Weiterbildungsbedarf bestimmen. Es geht im ersten Schritt darum, die Aufgaben in kleinste Teile zu zerlegen und diese zu analysieren. Im zweiten Schritt werden die Ergebnisse der Arbeitsanalyse zu effizienten Arbeitsschritten zusammengefügt und auf die Mitarbeiter verteilt. Ziel ist es, die Arbeitsbedingungen an den Menschen anzupassen und nicht umgekehrt. Dies hat dann wiederum Auswirkungen auf die Zufriedenheit der Mitarbeiter.

6.2.2   Arbeitszufriedenheit

Arbeitszufriedenheit (AZ) ist der angenehme emotionale Zustand, der entsteht, wenn man seine Ziele und Bedürfnisse durch die Arbeit befriedigt sieht. Sie wird bestimmt durch
- die Regulationsanforderungen der Arbeit,
- die Ressourcen und Kompetenzen,
- die Stressoren,
- das soziale Klima,
- die Karrieremöglichkeiten,
- die Bezahlung,
- die eigene Persönlichkeit.

◘ Abb. 6.2 Arbeitszufriedenheit (© Steve Devenport/iStockphoto.com)

Der Grad der Arbeitszufriedenheit ist davon abhängig, inwieweit die erwartete Belohnung mit der tatsächlich erhaltenen Belohnung (Bezahlung, Zuwendung, Wertschätzung, Sinnerfüllung usw.) übereinstimmt (◘ Abb. 6.2). Nach Umfragen aus dem Bereich der Arbeits- und Organisationspsychologie sind circa 70–80 Prozent der Arbeitnehmer mit ihren Arbeitsbedingungen zufrieden und circa 30 Prozent sind auf der Suche nach einer anderen Stelle. Diese Untersuchungen könnten für das Hotel- und Gastronomiegewerbe anders aussehen. Um die Arbeitszufriedenheit der Mitarbeiter im Hotel oder einer Bar zu bestimmen, könnte man beispielsweise den »AZ-K« (Kurzfragebogen zur Arbeitszufriedenheit) von Bruggemann hinzuziehen oder auch den »JDS« (Job-Diagnostic-Survey) von Hackman & Oldham oder den »ABB« (Arbeitsbeschreibungs-Bogen) von Neuberger & Allerbeck.

Die Arbeitszufriedenheit hängt sicherlich von mehreren Faktoren ab. Nach einer Untersuchung zur Arbeitszufriedenheit von Hotelmitarbeitern von Seifert & Martini (1999) besteht ein positiver oder negativer Zusammenhang zwischen Arbeitszufriedenheit und

- sozialen Stressoren (Korrelation von –0.53, d.h. die AZ sinkt),
- organisatorischen Problemen (Korrelation von –0.43, d.h. die AZ sinkt),
- der Unterstützung durch Vorgesetzte (Korrelation von +0.51, d.h die AZ steigt).

Korrelation bedeutet: Es besteht rechnerisch ein statistischer Zusammenhang zwischen zwei Merkmalen, der positiv oder negativ sein kann. Eine Korrelation von +1.0 bedeutet, dass ein 100-prozentiger positiver Zusammenhang besteht, eine Korrelation von +0.51 bedeutet einen mittleren positiven Zusammenhang.

Ein eher geringer Zusammenhang findet sich zwischen Arbeitszufriedenheit und Fehlzeiten sowie zwischen Arbeitszufriedenheit und Leistung.

Arvey (1989) zeigt in seiner Zwillingsstudie, dass Arbeitszufriedenheit zu 31 Prozent genetisch bedingt ist und deshalb eher als Persönlichkeitsmerkmal zu verstehen sei.

Abb. 6.3 Gästezufriedenheit (Jacob Wackerhausen/iStockphoto.com)

6.2.3 Gästezufriedenheit

In vielen Hotels und einigen Restaurants haben Gäste die Möglichkeit, eine Rückmeldung in Form eines Fragebogens, der das Maß ihrer Zufriedenheit erfassen soll, auszufüllen. Dies ist eine Möglichkeit für den Gast, ein Lob aber auch Kritik loszuwerden. Sind genügend Rückmeldungen eingegangen, dann müssen diese ausgewertet und bewertet werden. Auf der Basis dieser Ergebnisse könnte dann eine notwendige Korrektur erfasst und veranlasst werden. Im gastronomischen Umfeld gibt es bereits viele Untersuchungen. Viele dieser Untersuchungen werden von der Getränke- und Spirituosenindustrie in Auftrag gegeben. Hierbei geht es beispielsweise um das Erforschen von Konsumverhalten, Trendforschung, Zielgruppenanalyse, Geschmackstests, Absatzmöglichkeiten und Prognosen. Grundlage dieser Untersuchungen bilden oftmals die Methoden der psychologischen Erkenntnisgewinnung und Diagnostik. Nach welchen Kriterien wählt ein Gast beispielsweise aus, in welche Bar oder in welches Restaurant er geht? Sicher spielen hierbei persönliche Erfahrungen und Kontakte, die räumliche Nähe, eine moderate Preisgestaltung oder Empfehlungen eine wichtige Rolle.

Im Folgenden ist eine Auswahl an Ergebnissen aus verschiedenen Untersuchungen zur **Gästezufriedenheit** (GZ) von Nieschlag & Dichtl (1988) sowie von Kaub (1996) zusammengestellt (Quelle: www.abseits.de, abgerufen am 28.11.2011):

- Leistungsfaktoren, die sich auf Sortiment, Service- und Raumpolitik beziehen, haben einen wesentlichen Einfluss auf die GZ. Ebenso die Wahrnehmung der Umgebung, der Standort und das kommunikative Umfeld, auf dem Hintergrund der Werte, Erfahrungen und Einstellungen der Gäste.
- Eine gute Qualität der Speisen und Getränke erhöht die GZ.
- Eine angenehme Atmosphäre und das Ambiente sind für die GZ ebenso wichtig wie ein zuvorkommendes Personal und ein guter Service (Abb. 6.3).

- Faktoren wie Sauberkeit, eine ansprechende Dekoration und Präsentation der Räumlichkeiten, haben ebenso einen positiven Einfluss auf die GZ wie ausreichend Parkmöglichkeiten, geringe Wartezeiten, Erlebnisqualität, dauerhaft niedrige Preise, eine lang geöffnete Küche, die Möglichkeit mit Kreditkarte zu bezahlen sowie ein ansprechendes Publikum (diese Faktoren sind für männliche und weibliche Gäste gleichermaßen von Bedeutung).
- Ein deutlicher Zusammenhang scheint zwischen der Höhe des Trinkgeldes und der wahrgenommenen Qualität der Speisen und des Services zu bestehen.
- Die Kundenbindung wird verstärkt, wenn der Kunde sich zwischen verschiedenen Service-Niveaus entscheiden kann, zum Beispiel zwischen gleichzeitig vorhandenem Sterne-Restaurant und Bistro.
- Ein Gast ist zufriedener, wenn man ihm Rituale bietet (Verhaltensweisen und Abläufe), deren Kenntnis ihn zum Insider macht (Case & Dasu 2001).
- Der Service steht mit 62 Prozent auf der Skala wichtiger Faktoren für GZ an erster Stelle.
- Ein Gast ist zufriedener, wenn er einen unerwartet guten Service erfährt und unzufriedener, wenn er einen Service erfährt, der schlechter ist als er ihn, zum Beispiel aufgrund von Werbeaussagen, erwartet.
- Um die GZ nicht zu gefährden, sollte man schlechte Serviceerfahrungen so schnell wie möglich vergessen machen, indem man sie möglichst sofort anspricht und, wenn möglich, kompensiert (z.B. durch die Ausgabe eines Getränks oder dergleichen).

In einer Szenekneipe ist der »Flirtfaktor« (◼ Abb. 6.4) für 64,8 Prozent der Gäste von entscheidender Bedeutung (Stuke 2001). Vergleichbar wichtig ist das »Sehen-und-Gesehen-Werden«, d.h. es spielt eine Rolle, welche anderen Gäste ein Lokal aufsuchen.

Einen Fragebogen zur Gästezufriedenheit können Sie relativ einfach selbst erstellen. Wählen Sie dazu bestimmte Beurteilungsfragen (Items) aus, zum Beispiel die Zufriedenheit mit dem Service, schnelle Bedienung, Musikauswahl, Lautstärke, Geruch, Frühstück, Sauberkeit, Preis-Leistungsverhältnis. Daneben geben Sie fünf Antwortmöglichkeiten von 1 (»sehr gut«) über 2 (»gut«), 3 (»befriedigend«), 4 (»ausreichend«) bis 5 (»schlecht«) vor, von denen der Gast nur jeweils eine Antwort ankreuzen soll. Dann stellen Sie etwas abseits eine Box auf, in die der Gast die ausgefüllten Fragebögen einwerfen kann. Die anonyme Rückmeldung ist für Sie eine gute Möglichkeit, Informationen über mögliche Schwachstellen im Betriebsablauf zu erkennen und zu verbessern. Außerdem bietet es dem Gast die Möglichkeit, Kritik loszuwerden und nicht mit Wut im Bauch gehen zu müssen.

🛈 **Merke!**
Für konstruktive Reklamationen sollten Sie dankbar sein. Will ein Gast jedoch nur seinen Frust abladen, sollten Sie versuchen, das zu unterbinden. Die Kunst besteht darin, konstruktive von destruktiver Kritik zu unterscheiden.

▪ **Übung 27**
Gestalten Sie nach obigen Anweisungen einen Fragebogen und ziehen anhand der Antworten Rückschlüsse darauf, was Sie verbessern könnten. Nutzen Sie, was die Gehirne Ihrer Gäste erkennen.

6

⬡ **Abb. 6.4** Flirten (© Jupiterimages/Thinkstock)

6.3   Evaluation

Im Zusammenhang mit Diagnostik möchte ich noch kurz die Bedeutung der Evaluation erwähnen. Evaluation ist ein Überprüfungs- und Diagnoseinstrument für Arbeitsabläufe und Maßnahmen (z.B. eine Weiterbildung). Sie dient als Planungs- und Entscheidungshilfe, wobei Handlungsabläufe analysiert und bewertet werden. Ziel dabei ist die Überprüfung und Verbesserung praktischer Handlungsabläufe sowie die Bewertung von Handlungsalternativen. Mögliche Fragen, die sich im Rahmen einer Evaluation stellen können, sind:

— Welche Ziele hat eine Evaluation? (Zum Beispiel die Untersuchung der Effizienz einer Fortbildung für Bartender.)
— Für welche Mitarbeiter ist sie angedacht? (Zum Beispiel soll jeder Teilnehmer der Fortbildungsgruppe evaluiert werden.)
— Zu welchem Zeitpunkt soll sie durchgeführt werden? (Zum Beispiel am Ende eines Seminars.)
— Woran erkennt man die Zielerreichung? (Zum Beispiel mittels Abschlusstest und Befragung.)
— Welche Alternativen gibt es zur Fortbildung? (Zum Beispiel Lehrbücher, Lehrvideos etc.)
— Welche Kosten-Nutzen-Verteilung entsteht? (Erfolg + Wissen - Preis)

Ein **Evaluationprozess** kann folgendermaßen stattfinden:

— Zuerst wird festgelegt, was evaluiert werden soll.
— Dann wird das Phänomen, das evaluiert werden soll, genau analysiert.
— Es folgt die Bestimmung der Evaluationsziele und deren Objektivierung.
— Daraufhin werden die Daten und Informationen erhoben und anschließend ausgewertet.
— Nachdem die Daten ausgewertet wurden, wird dem Auftraggeber Bericht erstattet.
— Zum Schluss erfolgt das Evaluationsmanagement (genaue Ablaufplanung).

Das Qualitäts-Management koordiniert verschiedene Kontrollmechanismen, die es erlauben, Stärken und Schwächen eines gastronomischen Betriebes festzustellen und bietet so einen Einstieg in Maßnahmen zur Entwicklung und Verbesserung der Arbeits- und Organisationsabläufe.

6.4 Forschungsprojekte in der Hotel- und Barpsychologie

Sicherlich gab es und wird es auch zukünftig Untersuchungen und Studien mit gastronomisch relevanten Fragestellungen geben. Diese werden hauptsächlich von der Getränkeindustrie, den Hotels und Hotelketten, Verbänden und den wirtschaftswissenschaftlichen Instituten in Auftrag gegeben. Spezielle hotel- oder barpsychologische Untersuchungen mag es geben, sind mir jedoch bisher nicht bekannt. Die Durchführung einer solchen Untersuchung wäre sicher nicht aufwändiger als in anderen Bereichen der Gastronomie.

ⓘ Merke!
Ohne kreative Köpfe gäbe es Stillstand.

▪ **Übung 28**
Nehmen Sie sich einen Augenblick Zeit und denken Sie darüber nach, welche Themen Sie gerne untersucht hätten. Vielleicht sind Sie selbst derjenige, der zukünftig zu einer Untersuchung oder einer repräsentativen Umfrage anregt.

Das »A« und das »O« in der Gastronomie

7.1   Einleitung

Das »A« und »O« steht für Arbeits- und Organisationspsychologie. Dieses Fachgebiet gehört zur praktischen und angewandten Psychologie, wobei ich mich vor allem an den Inhalten der Lehre, wie sie im Fachbereich Psychologie der Goethe Universität Frankfurt durch Herrn Prof. Dieter Zapf vertreten wird, orientiere. Im arbeitspsychologischen Teil der Hotel- und Barpsychologie geht es um die psychische Regulation des Handelns an der Bar, die positive Wirkung von Arbeit, um Stress und Stressbewältigung sowie um Arbeitsmotivation. Im organisationspsychologischen Teil geht es um die Auswahl von geeignetem Personal, Personalentwicklung, um die allgemeine Psychologie der Dienstleistung und um Führungslehre.

7.2   Arbeitspsychologie und Gastronomie

7.2.1   Die psychische Regulation des Handelns

Was wir als Handlung bei einem Bartender erkennen können, ist die Folge von vielen biologischen und psychischen Einzelleistungen. »Handlungen bilden die kleinste psychologische Einheit der willensmäßig gesteuerten Tätigkeiten« (Hacker 1998, S. 67). Sie ist hierarchisch (abgestuft) und sequentiell (aufeinanderfolgend) auf die Umwelt gerichtet und in gesellschaftliche Zusammenhänge eingebettet. Das mag sich für wissenschaftlich ungeübte Ohren zunächst etwas »geschwollen« anhören. Im Wesentlichen geht es darum, genauer zu betrachten, wie eine Handlung abläuft. Denn wenn man diese kleinsten Schritte kennt, dann kann man auch eine mögliche Fehlerquelle sehr schnell »diagnostizieren« (s. ▶ Kap. 6) und die Ursachen verändern. Das Ziel einer Handlung ist mit Motiven verbunden und somit eine Vorwegnahme des Ergebnisses. So kann die Zubereitung eines Cocktails dadurch motiviert sein, seinem Gast eine Freude zu machen und dafür Lob zu erhalten. Hierfür muss der Bartender aber zuerst eine innere Vorstellung davon haben, was er denn eigentlich mixen möchte. Diese Vorstellung liegt natürlich vor dem Ereignis. Wie Sie sehen können, geht es um eine genaue Betrachtung der aufeinanderfolgenden Handlungsabläufe.

Aus einem externalen (äußeren) gastronomischen Auftrag des Gastes definiert der Bartender in einem Redefinitionsprozess eine internal (innere) repräsentierte Arbeitsaufgabe. Das hört sich vielleicht schon wieder etwas fremd für Ihre Ohren an, dennoch möchte ich Ihnen damit auch einen kleinen Eindruck über der Präzision der psychologischen Fachsprache geben. Fachsprachen wirken auf ungeübte Ohren erst einmal verunsichernd, auch auf Studentenohren. Also nicht verunsichern lassen! Fachsprache dient der Abgrenzung und Kommunikation unter Kollegen und ist, nach ihrer Übersetzung in die Alltagssprache, meist sehr gut zu verstehen. Um zum Ziel zu kommen, bedarf es vieler kleiner und aufeinander aufbauender Handlungseinheiten. Das muskuläre Umsetzen muss der Bartender und jeder andere Mitarbeiter auch, der seine Arbeit gut verrichten will, schon vorher gelernt und geübt haben. Dieser Handlungsprozess bildet sich dann erst als Repräsentanz im Gehirn ab. Je öfter Handlungsabläufe geübt werden, desto stabiler werden die Nervenbahnen, die zur Durchführung einer Handlung notwendig sind. Nach dem Motto: »Alles, was man übt, das kann man gut«, lernt das Gehirn die Handlungsabläufe immer schneller zu koordinieren, bis sie schließlich automatisiert und unbewusst ablaufen können. Nur so ist es einem Bartender möglich, mit einem Gast oder Kollegen zu plaudern, während er einen Cocktail mixt (▫ Abb. 7.1).

◘ **Abb. 7.1** Regulation von Handlungsabläufen (© Steve Mason/Photodisc/Thinkstock)

Für Hackman & Morris (1975) besteht ein solcher Handlungsprozess aus folgenden vier Phasen:
1. der Zielentwicklung,
2. der Ausführung der Pläne, die zum Ziel führen (Pläne sind Brücken zwischen Denken und Handeln),
3. der Ausführung und
4. dem anschließenden Feedback darüber, ob das Ziel erreicht wurde.

Die von oben nach unten gerichtete (hierarchisch-sequenzielle) Organisation des Handelns besteht fortlaufend aus vielen Einheiten des Handlungsablaufes »**Vergleich-Veränderung-Rückmeldung**« (VVR).

An der Spitze der Pyramide steht **die intellektuelle** Ebene, wobei es u.a. um die Entwicklung von Zielen geht (◘ Abb. 7.2). Der Entwurf von Handlungsprogrammen und Zielen ist bewusst, anstrengend und ressourcenlimitiert. Das Denken läuft dabei dem Tun planend voraus. So müssen Sie vor dem Mixen eines »Cuba libre« sicherlich genau überlegen, welche Zutaten Sie dazu benötigen und wie Sie diese einsetzen wollen.

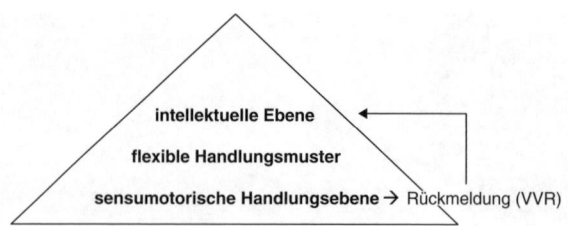

□ Abb. 7.2 Organisationsebene einer Handlung (© Lampert)

Auf der nachfolgenden **Ebene der flexiblen Handlungsmuster** werden dann viele kleine Handlungseinheiten abgerufen beziehungsweise Teilziele (T) ausgeführt, die man zum Mixen benötigt (T1→T2→T3). Diese verschiedenen, aufeinanderfolgenden Handlungen bezeichnet man als Routinehandlungen.

Die nächste Ebene ist die **sensumotorische Handlungsebene.** Sie entspricht den größeren und nach außen sichtbaren Bewegungssequenzen. Handlungen auf dieser Ebene sind dann unbewusst und vollständig automatisiert:

T1 Ein Glas in die Hand nehmen → T2 Eiswürfel mit der Zange fassen und ins Glas geben → T3 Rumflasche umfassen und ausgießen usw.

Durch häufiges Üben werden alle Prozesse (Operationen), die zum Mixen eines »Cuba libre« nötig sind, zu übergeordneten Programmen zusammengefasst. Diese Programme nennt man auch **Superzeichen.** Durch die Automatisierung großer Handlungsabläufe werden dann wieder die höheren Regulationsebenen frei, um dann wieder andere Handlungen ausführen zu können. Deshalb kann sich ein Profi mit seinen Gästen unterhalten während er einen »Cuba libre« mixt (**□** Abb. 7.3)

Ist das Ziel unklar definiert oder fehlt es am Handlungswissen, wie man zum Beispiel etwas muskulär umsetzt, so wird dies Einfluss auf das Ergebnis einer Handlung haben. Koordinationsfehler auf einer oder mehreren Handlungsebenen werden dann später als Arbeitsfehler sichtbar sein. Die Entstehung von Arbeitsfehlern kann man beheben, indem man die Handlung wieder in Teilbereiche aufgliedert, diese dann einzeln analysiert und gefundene Fehler oder Schwächen korrigiert.

In aller Regel machen dies Menschen, aufgrund innerer **Feedbackschleifen**, automatisch. Manchmal kommt es jedoch vor, dass an bestimmten Punkten immer wieder die gleichen Fehler auftreten. Hier könnten die Aufgliederung in Teilziele und eine genaue Fehleranalyse sehr hilfreich sein.

Wie Arbeitsfehler unterteilt und analysiert werden, möchte ich Ihnen im Folgenden zeigen.

7.2.2 Arbeitsfehler

Betrachtet man einen Arbeitsvorgang im Hotel beziehungsweise an der Bar etwas genauer, so lassen sich die **Regulationsanforderungen,** die **Regulationsmöglichkeiten** und die **Regulationsprobleme** voneinander unterscheiden (**□** Tab. 7.1).

Zu den **Regulationsanforderungen** gehört u.a. der Grad an Komplexität einer Handlung. Je komplexer eine Handlung ist, umso mehr Handlungsmöglichkeiten bietet sie beziehungs-

◘ Abb. 7.3 Handlungsergebnis »Cuba libre« (Dusan Zidar/Fotolia.com)

◘ Tab. 7.1 Arbeitsfehler

Regulationsanforderungen	Regulationsmöglichkeiten	Regulationsprobleme
Komplexität Variabilität Vollständigkeit	Handlungsspielraum Zeitspielraum	Regulationshindernisse (direkt: Erschwernisse/Unterbrechungen) Regulationsunsicherheit Regulationsüberforderung (indirekt)

weise je professioneller ein Hotelkaufmann, ein Restaurantfachmann oder ein Koch ist, desto weniger komplex wird er seine Handlung empfinden. Als Variabilität einer Handlung wird der Grad, in dem die Aufgabe verschiedene Handlungssequenzen erfordert, bezeichnet. Und als vollständig werden Handlungen bezeichnet, wenn man sich zum Beispiel als Bartender selbst komplexe Ziele setzen darf und diese dann umsetzen kann. Vollständige Handlungen sind persönlichkeitsfördernd, während unvollständige Handlungen oder häufige Handlungsunterbrechungen eher die Leistungen vermindern und persönlichkeitsschädigend wirken.

Die wohl wichtigste **Regulationsmöglichkeit**, auf seine Arbeitshandlung Einfluss nehmen zu können, ist der Handlungsspielraum, den man beispielsweise zum Kreieren eines neuen

Cocktails hat, sowie der Zeitspielraum. Die Arbeitszufriedenheit von Mitarbeitern wird hierdurch maßgeblich beeinflusst (s. ► Kap. 6.2.2).

Als **Regulationsprobleme** einer Handlung können Regulationshindernisse auftreten. Sie stellen eine direkte Behinderung dar und können wiederum unterteilt werden in Erschwernisse und Unterbrechungen. Informatorische Erschwernisse sind zum Beispiel mangelnde Kenntnisse über die Zusammensetzung eines bestimmten Cocktails oder motorische Probleme, wie die Handhabung und Bedienung von Geräten. Erschwernisse durch Unterbrechungen können auftreten, wenn zum Beispiel Kollegen ständig im Wege stehen oder durch Gäste, die ihre Meinung ändern, oder durch Nachschubprobleme von Getränken. Lärm, Hitze, schlechte Beleuchtung oder schwierige Aufgaben, zum Beispiel infolge ungenügender Kenntnisse und mangelnder Übung, können zu Arbeitsüberforderung führen. Arbeitsfehler werden sich wohl nie ganz verhindern lassen, sollten jedoch auf ein Minimum reduziert werden. Je genauer die Arbeitsfehler bestimmt werden können, umso eher können sie behoben werden.

7.2.3   Die positive Wirkung von Arbeit

Bevor ich zu den negativen Wirkungen von Arbeit komme, möchte ich zunächst auf deren positive Effekte eingehen. Wie Sie bereits in ► Abschnitt 2.5.9 erfahren haben, wird die Motivation beeinflusst von dem Grad an zugebilligter Autonomie vom Arbeitgeber oder Vorgesetzen, von der erlebten Verantwortlichkeit, der Art der Rückmeldung über das Ergebnis, dem Einfluss auf Veränderung, die Arbeit überblicken und beeinflussen zu können, sowie von der Bedeutung beziehungsweise dem Wert des Tuns. Der erlebte Wert des Tuns bildet dabei ein wichtiges Motiv. Arbeit kann zur Hemmung aber auch zur Entwicklung der gesamten Persönlichkeit beitragen. So kann Arbeit dazu dienen, die eigene Kreativität zu fördern und die eigenen (Lebens-)Ziele zu verwirklichen, was zu einer Erhöhung des Selbstwertgefühls führen kann.

Auch der Zugewinn an Kompetenzen kann für den Mitarbeiter und/oder das gesamte Team ein Wachstumsfaktor sein, die berufliche Qualifikation erhöhen und das Einkommen steigern. Je höher der Grad an selbstständigem Handeln ist, umso höher ist auch die Wirkung auf die intellektuelle Flexibilität, die wiederum Einfluss auf die Kreativität hat.

Arbeit ermöglicht soziale Kontakte und führt zur gesellschaftlichen Anerkennung und Bestätigung, ein wertvolles Mitglied der Gesellschaft zu sein. Die Höhe der Handlungskontrolle und des Handlungsspielraumes haben dabei einen bedeutenden Einfluss auf die Arbeitszufriedenheit, die Gesundheit sowie das intellektuelle Leistungsvermögen. Wird die Arbeit als sinnlos erlebt, muss die Freizeit die Funktion der Sinnstiftung übernehmen, um wertvolles und kreatives Erleben zu ermöglichen.

❶ Merke!
Mitarbeiter, deren Arbeit hohe Anforderungen an sie stellt, sind in der Regel aktiver, kreativer und zeigen eine höhere Fähigkeit, sich in ein Team einzufügen und mit anderen zusammenzuarbeiten. Eine hohe Komplexität der Arbeit sowie ein großer Handlungsspielraum wirken sich besonders positiv auf das Selbstwertgefühl und die Gesundheit aus.

▣ Abb. 7.4 Stress (© Fotolia.com)

7.2.4 Stress in der Gastronomie

Die meisten Menschen kennen den Begriff »Stress« und haben eine Vorstellung davon, was Stress ist. Sie halten Stress für eine körperliche und/oder psychische Überlastung, was im Grunde auch nicht falsch ist. Aber auch ein Ungerechtigkeitserleben kann bei dem Betroffenen Stress auslösen. Um sich gerecht behandelt zu fühlen, müssen nach Adams (1965) zwei Prozesse im Gleichgewicht miteinander sein: Einerseits »die Investitionen« (Qualifikation, Anstrengung usw.), die ein Mitarbeiter in den Arbeitsprozess einbringt, andererseits »die Rewards« (z.B. Gehalt, Privilegien, Status, Anerkennung). Diese Prozesse sind emotional besetzt, und eine empfundene Ungerechtigkeit würde als Belastung beziehungsweise als Stress erlebt. Die Arbeitspsychologen Dunke & Zapf (1986) definierten Stress als einen Zustand des Ungleichgewichts zwischen den Anforderungen der Umwelt, selbstgesetzten Anforderungen und persönlichen Leistungsvoraussetzungen, der persönlich bedeutsam ist und als unangenehm erlebt wird. Für Greif (1991) ist Stress ein unangenehmer Spannungszustand, der persönlich als sehr intensiv erlebt wird und aufgrund der Befürchtung entsteht, eine aversive Situation nicht oder nicht richtig bewältigen zu können (▣ Abb. 7.4).

Nach dem Stressmodell von Lazarus (1974) wird jede neue oder unbekannte Situation in zwei kognitiven Phasen bewertet. In einer ersten Bewertung (*primary appraisal*) wird geprüft, ob eine Situation eine Bedrohung enthält. Wenn ja, wird in einer weiteren Bewertung (*secondery appraisal*) geprüft, ob die Situation mit den verfügbaren Ressourcen bewältigt werden kann (kämpfen oder flüchten). Nur wenn ein Mensch seine ihm zur Verfügung stehenden Ressourcen (Kompetenzen, Wissen, Kraft etc.) als nicht ausreichend bewertet, um eine eventuelle Bedrohung abzuwehren, wird eine Stressreaktion ausgelöst. Eine Bedrohung kann sowohl real und objektiv vorhanden sein als auch aus der inneren Gedanken- und Vorstellungswelt kommen. Auch eine eingebildete Bedrohung kann Stress auslösen. Wird vom Barchef das Gerücht verbreitet, dass Mitarbeiter entlassen werden sollen, so sind dies zunächst nur Worte. Die Worte wiederum werden von den Mitarbeitern aufgenommen und bewertet. Dabei entstehen innere Vorstellungen, Bilder und Gefühle, die dann bei negativen Bewältigungsphantasien eine Stressreaktion auf allen Ebenen (körperlich, psychisch, sozial, im Verhalten) zur Folge haben können.

Als **Stressoren** bezeichnet man die Auslöser beziehungsweise Bedingungen, die den Stress erzeugen. Es sind u.a. die Merkmale der Arbeit und Organisation, die mit erhöhter Wahrscheinlichkeit beim Personal zu Stress führen. Im Folgenden habe ich Ihnen Beispiele für Stressoren aufgelistet. Bitte überlegen Sie, ob einige davon auf Sie zutreffen.

Objektive Stressoren

- Zeitdruck (viele Gäste und wenig Personal …)
- Konzentrationsanforderung (laute Musik, zu viele Bestellungen auf einmal …)
- Unsicherheit (neue Arbeitsstelle, Selbstwertprobleme, mangelnde Kenntnisse …)
- Organisatorische Probleme (unklarer Dienst, unsichere Urlaubsplanung …)
- Unterbrechungen (Nachschubprobleme, Verletzungen …)
- Lärm, Temperatur (Hitze), Gerüche (Qualm)
- Schicht- und Nachtarbeit
- Rollenkonflikte (widersprüchliche Anforderungen)

Soziale Stressoren (nach Zapf 2002)

- Konflikte mit Kollegen und Gästen
- direkt/indirekt aggressives Verhalten (anschreien, schimpfen …)
- selbstwertverletzendes Verhalten (kränken, demütigen …)
- schwierige Kollegen und Vorgesetzte (Arroganz, Neid …)
- negatives soziales Klima (Spannungen, Kälte, Feindseligkeit …)
- soziale Ausgrenzung (nicht sprechen, verweigern, Gerüchte verbreiten …)
- organisatorische Ungerechtigkeit (Verteilung, Regeln, Fairness …)
- Mobbing (ist gezielt auf eine Person, die zum Opfer gemacht wird, gerichtet und findet regelmäßig und über einen längeren Zeitraum statt), zum Beispiel
  - Zwang zu selbstverletzenden Aufgaben
  - sinnlose Aufgaben verteilen
  - Kontaktverweigerung
  - nicht mehr grüßen oder nicht mehr mit dem Opfer sprechen
  - Gang, Stimme u.a. imitieren
  - das Opfer lächerlich machen
  - Gerüchte über das Opfer verbreiten
  - hinter dem Rücken des Opfers schlecht reden

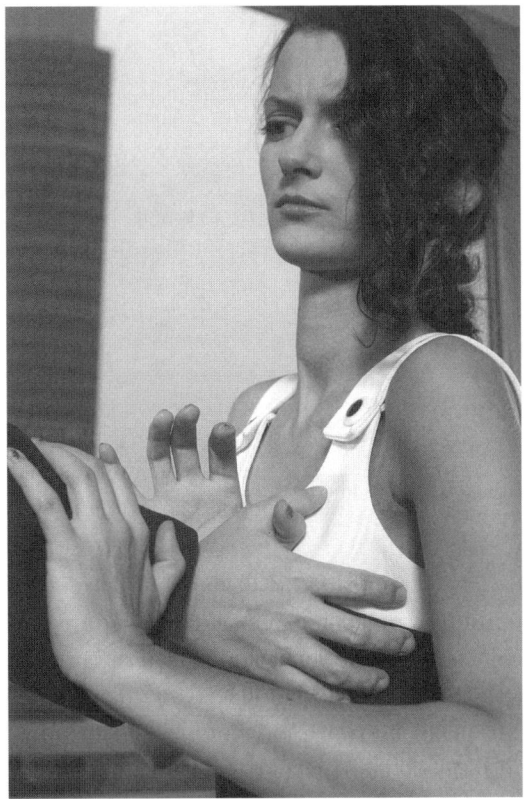

Abb. 7.5 Mobbing/sexuelle Annäherung (© Hemera/Thinkstock)

- Anschreien, lautes Schimpfen
- ständige Kritik
- sexuelle Annäherung (■ Abb. 7.5)
- mündliche Drohungen und/oder körperliche Gewalt

Die Stressreaktion

Eine Stressreaktion findet auf verschiedenen Ebenen statt. Körperlich kommt es zu einer bio-chemischen Reaktion. In verschiedenen Teilen des Gehirns werden dabei Hormone ausge-schüttet, welche einen Einfluss auf die Nebenniere haben. In der Nebenniere werden dann v.a. körpereigenes Cortisol und Adrenalin ausgeschüttet. Hierdurch kommt es beispielsweise zu Schweißbildung sowie zu einer Puls- und Blutdruckerhöhung. Auf der psychologischen Ebene können Anspannung, Gereiztheit, Erschöpfung und Ermüdung auftreten, und auf der Verhaltensebene können Konflikte, Fehlleistungen, Leistungsschwankungen und eine redu-zierte Arbeitsleistung die Folge sein. Wird Stress chronisch, so können körperlich zum Beispiel Magengeschwüre, Bluthochdruck oder Schlafstörungen auftreten. Psychisch können Ängst-lichkeit, Depression und Burn-Out sowie soziale Schwierigkeiten, wie Arbeitsplatzverlust und Scheidung, die Folge sein. Auf der Verhaltensebene kann sich Stress durch einen erhöhten Alkohol-, Zigaretten- und Tablettenkonsum sowie in vermehrten Fehlzeiten und einem Leis-tungsrückgang zeigen.

◘ **Abb. 7.6** Balance (© Brian A. Jackson/Shutterstock)

Stressbewältigung

Einem Stresszustand muss niemand auf die Dauer ausgeliefert sein. Es gibt Möglichkeiten, um Stress zu reduzieren und besser damit umgehen zu können. Hierzu gehören beispielsweise betriebliche Veränderungsmöglichkeiten oder auch die Erweiterung persönlicher Ressourcen (◘ Abb. 7.6). Folgende Faktoren können Stress reduzierend wirken:

— Die Erweiterung des Handlungs- und Zeitspielraums
— Eine höhere soziale Unterstützung, besonders durch Vorgesetzte
— Eine Stärkung der Ressourcen durch Qualifikation und Weiterbildung
— Eine Erhöhung der Problemlösekompetenzen, der Bewältigungsstrategien und der sozialen Kompetenzen (soziales Kompetenztraining)
— Ein besseres Zeitmanagement
— Entspannungstraining (z.B. Autogenes Training, Progressive Muskelentspannnug, Meditation) und/oder Entspannung durch körperliche Aktivität
— Lärmschutz
— Eine geordnete Pausenreglung
— Eine Verbesserung der Arbeitsplanung
— Gesundheitsprogramme
— Aktive Informationssuche
— Aktive Hilfesuche
— Aktive Problembewältigung
— Eine Umbewertung der Situation
— Bewusste Ablenkung

▪ **Übung 29**

1. Suchen Sie sich bitte einen Kollegen (gerne auch mehrere) und beginnen Sie Ihr gemeinsames Arbeitsfeld gezielt nach obigen Stressoren abzusuchen und zu bewerten.
2. Im Anschluss überlegen Sie, welche Stressoren Sie am einfachsten beseitigen können und gehen dann weiter zu den Stressoren, die schwieriger zu beseitigen sind. Bitte orientieren Sie sich am obigen Text und prüfen, welche Lösungen für Sie zeitnah möglich sind.
3. Dann setzen Sie die erarbeiteten Lösungen um!

7.3   Organisationspsychologie und Gastronomie

7.3.1   Einleitung

»Organisationen sind soziale Gebilde, die dauerhafte Ziele verfolgen und eine formale Struktur aufweisen, mit deren Hilfe Aktivitäten der Mitglieder auf das verfolgte Ziel ausgerichtet werden sollen.« (Kieser & Walgenbach 2007, S. 6).

Organisationen sind auf Ziele ausgerichtet, die bestimmte Ergebnisse hervorbringen, zum Beispiel die Bewirtung von Gästen. Sie unterliegen außerdem Prozessen, die die Aufrechterhaltung der Organisation selbst zum Ziel haben. Eine Organisation basiert auf dem Engagement ihrer Mitglieder und auf materiell belohnender Machtausübung durch die Organisation.

7.3.2   Wie findet man das geeignete Personal?

Personalrekrutierung ist die Bereitstellung eines Pools von Bewerbern (z.B. für die Bewirtung einer Großveranstaltung). Dafür bedarf es einer hinreichenden Anzahl von Bewerbern, die über gute Qualifikationen in Bezug auf die Tätigkeit verfügen. Notwendig ist, dass die Bewerber die Erwartungen des Unternehmens gut erfüllen und deswegen dem Unternehmen lange erhalten bleiben. Die häufigsten Rekrutierungen erfolgen mittels Fachzeitungen, Internet, Mundpropaganda, Aushängen, Headhunting, Spontanwerbung, Veranstaltungen sowie über die Arbeitsagentur. Die Qualität der Mitarbeiter ist hierbei von hoher Bedeutung für die Außendarstellung eines Hotels, eines Restaurants oder einer Bar. So können gute Bartender eine Bar zur »Trend-Bar« werden lassen, und ein schlechter Service kann zum Bankrott eines Unternehmens führen.

Für die Rekrutierung von Mitarbeitern spielt sowohl der Status des Werbers als auch dessen Alter (je älter umso besser) eine wichtige Rolle. Für den Bewerber ist es bedeutsam, wie er sich im Vorstellungsgespräch behandelt fühlt, ob ihm gegenüber Interesse gezeigt wird, und dass er nicht in peinliche Situationen gedrängt wird. Vor allem Bewerber mit guten Chancen auf dem Arbeitsmarkt sind der Meinung, dass die Art der Behandlung im Bewerbungsgespräch einen Einblick über das Betriebsklima gibt (◘ Abb. 7.7).

Was wirkt positiv bei Stellenanzeigen? Grundsätzlich kann man sagen: je größer, umso mehr Bewerber. Anzeigen dienen der Imagepflege, der Selbstdarstellung und des Wettbewerbs, wobei Farbanzeigen mehr beachtet werden als Schwarz-Weiß-Anzeigen. Die Positionierung auf der Seite hat stattdessen keinen Effekt.

Um einen großen Pool an Bewerbern zu erreichen und anzulegen, werden die Anforderungen häufig unrealistisch beschrieben, oder die Bestimmung der Anforderungen wird dem Bewerber selbst überlassen. Eine realitätsgetreue Beschreibung der Tätigkeit (Realistic Job Preview) führt jedoch zu einer besseren Anpassung der neuen Mitarbeiter im Betrieb. Außerdem bleiben Mitarbeiter, denen vorzeitig eine realistische Arbeitsplatzbeschreibung zukommt, dem Betrieb länger erhalten. Das bedeutet, dass eine realistische Beschreibung einer Stellenanzeige längerfristig besser ist als eine Anzeige, die nur möglichst interessant wirken soll. Als Nebeneffekt der Rekrutierung und Auswahlgespräche erhält das Unternehmen einen guten Überblick über den bestehenden Arbeitsmarkt, die Anzahl der momentan verfügbaren Mitarbeiter, die Attraktivität des eigenen Unternehmens und ggf. Informationen über konkurrierende Hotels und Bars. In kleineren und mittleren gastronomischen Betrieben wird wohl der Besitzer das

■ **Abb. 7.7** Das Bewerbungsgespräch (© g_studio/iStockphoto)

Auswahlgespräch selbst führen. In größeren Hotels oder Hotelketten wird die Personalauswahl von der Personalabteilung durchgeführt.

Eine **Personalauswahl** könnte zum Beispiel nach den folgenden acht Schritten ablaufen:

1. Bedarfsermittlung: Hierbei geht es um die Ermittlung des gegenwärtig notwendigen und zukünftigen Personals.
2. Festlegung des Stellenprofils: Beschrieben werden die für das jeweilige Aufgabengebiet geforderten Voraussetzungen sowie die fachlichen und außerfachlichen Fähigkeiten.
3. Festlegung des Fähigkeitsprofils: Kompetenzen, Kenntnisse des Bartenders etc.
4. Festlegung der Auswahlinstrumente: Vorstellungsgespräch, Arbeitsprobe, Praktikum, Zeugnisnoten etc.
5. Stellenausschreibung.
6. Durchführung des Auswahlverfahrens.
7. Einstellung: Arbeitsvertrag, Position, Gehalt, Arbeits- und Urlaubszeit etc.
8. Bewährungskontrolle und Feedback.

Von größeren Personalabteilungen und bei der Besetzung von gehobenen Positionen wird gerne das **Multimodale Interview** (Schuler 1992) verwendet. Es bietet die Möglichkeit, ein

Bewerbungsgespräch strukturiert zu führen und beinhaltet eine Abfolge von sieben Komponenten, an denen sich jeder Hotelier und Gastronom, der Personal auswählt, orientieren kann:

1. Der Gesprächsbeginn: Hierbei geht es um eine kurze informelle Gesprächssequenz mit dem Ziel, eine offene und angenehme Beziehungsatmosphäre herzustellen.

2. Selbstvorstellung des Bewerbers: Dann hat der Bewerber einige Minuten Zeit, sich selbst vorzustellen, wobei er zum Beispiel über seine berufliche Erfahrung sowie über seine Ziele und Wünsche informieren sollte. Dazu gehören auch persönliche Anliegen und Informationen.

3. Freies Gespräch: Danach folgt ein Teil mit offenen Fragen, in Anknüpfung an die Vorstellung und Sichtung der Bewerbungsunterlagen.

4. Biografie-bezogene Fragen: Auf einer dreistufigen verhaltensverankerten Skala werden Fragen gestellt und ausgewertet, die zum Beispiel auf die Führungsqualitäten Hinweise geben könnten (»Waren Sie schon einmal Klassensprecher?«).

5. Realistic Job Preview: In der Hoffnung auf eine mögliche Selbstselektion für unpassende Bewerber, sollen in diesem Gesprächsabschnitt realistische Informationen zu dem Arbeitsplatz und über das Unternehmen vermittelt werden.

6. Situative Fragen: Wichtige soziale Situationen sollen hierbei frei beantwortet werden (je nach Bedarf und Interesse fragen).

7. Gesprächsabschluss: Abschließend können noch offene Fragen besprochen und weitere Vereinbarungen getroffen werden. Der Fragende sollte dann eine Zusammenfassung geben.

Dieses Vorgehen zeigte eine mittlere bis hohe Übereinstimmung mit den Ergebnissen aus einem Assessment-Center. Wenn der Bewerber das Auswahlverfahren erfolgreich bestanden hat, erfolgt die Einstellung. Mit Beginn seiner Tätigkeit durchläuft er dann eine wichtige Phase der beruflichen Sozialisation. Dies ist eine Zeit der persönlichen Veränderung und Anpassung an das Unternehmen. Es kommt hierbei zu einem permanenten Prozess in der Ausbildung von Persönlichkeitsstrukturen sowie einer Auseinandersetzung mit den Arbeitsanforderungen. Als Strategien der beruflichen Sozialisation dienen Trainings, Schulungen, Seminare und Orientierungsveranstaltungen. Meistens gibt es auch erfahrene Kollegen und Vorgesetzte, die als sogenannte Paten fungieren. Neue Mitarbeiter sollen vom »Paten« am Modell lernen (s. ▶ Kap. 2.3.3) und von diesem Kompetenzen, Einstellungen und Werte übernehmen. So kann ein »Pate«, wie ein väterlicher Freund, als Sozialisationshelfer, Ratgeber und als Feedbackgeber ein vertrautes Vorbild werden. Eine andere Variante besteht darin, den neuen Mitarbeiter »ins kalte Wasser zu werfen«. Hierbei wird eine Unsicherheit durch unklare Verhaltensanforderungen im neuen Mitarbeiter hervorgerufen, die ihn besonders empfänglich für die Organisationsbemühungen machen soll. Oder man bietet dem Neuling Wahlalternativen an, die in Wirklichkeit keine sind. Dadurch, dass er sich selbst entscheiden kann, wird er sie umso konsequenter vertreten.

7.3.3 Das Mitarbeitergespräch

Nach einer Einarbeitungs- und Probezeit sind regelmäßige Mitarbeitergespräche als tägliches Feedback, als Regelbeurteilung zum Beispiel einmal jährlich, oder als Potentialbeurteilung zwecks Karriereentwicklung von Vorteil. Sie dienen der Leistungsverbesserung und Verhaltenssteuerung. Hierbei können auch gewünschte oder erforderliche Fortbildungsmaßnahmen ausgewählt und deren Realisierung geplant werden. Aber auch Themen wie die Beförderung zum Barchef oder Restaurantmanager, Weiterbildung, Versetzung oder Kündigung, sollten in einem dafür angemessenen Rahmen besprochen werden. Weitere Themen des Mitarbeitergespräches könnten eine Gehaltsbestimmung oder eine Neugestaltung von Arbeitsbedingungen sein. Sind Mitarbeiter schon länger im Betrieb, so sind Fortbildungen eine willkommene Abwechslung gegen Ermüdungserscheinungen während der Alltagsarbeit. Im Mitarbeitergespräch könnten dann Ermüdungserscheinungen identifiziert, geklärt und behoben werden. Personalentwicklung ist die systematische Planung von personenbezogenen Maßnahmen zur Realisierung organisatorischer Ziele und zur Karriereentwicklung der Mitarbeiter. Eine Fortbildung in Hotel- und Barpsychologie wäre solch eine zeitgemäße Personalentwicklungsmaßnahme. Hierbei können Ziele der Person (Bedürfnisse, Erwartungen usw.) und Ziele der Organisation (Leistungsverbesserung) gleichermaßen optimiert werden. Denkbare Fortbildungen zur Hotel- und Barpsychologie könnten ein Problemlösetraining, ein Führungsseminar, ein Selbstsicherheitstraining oder ein Training zur Stressbewältigung und der sozialen Kompetenz sein.

7.3.4   Innere Kündigung

Nach gängiger Meinung erhält der Arbeitnehmer für seine Loyalität eine Art Arbeitsgarantie (psychologischer Vertrag). Kommt es jedoch immer wieder zu Enttäuschungen, Arbeitsüberforderungen und Konflikten, dann kann eine innere Kündigung die Folge sein. Als innere Kündigung eines Mitarbeiters wird die Distanzierung von der beruflichen Pflichterfüllung sowie eine Minimierung seiner Arbeitsleistung bezeichnet. Eine tatsächliche Kündigung bleibt aber, wegen der erwarteten negativen Folgen, häufig aus. Als mögliche Ursachen können auftreten:

- Mobbing.
- Routine und Ermüdung.
- Häufige Konflikte mit Vorgesetzen und/oder Gästen, in denen sich der Mitarbeiter als Verlierer erlebt.
- Veränderungs- und Ausgrenzungsprozesse im Unternehmen, die als gefährdend bewertet werden.
- Fehlende Anerkennung und fehlendes Lob.
- Eine Verschiebung der Wichtigkeit von Arbeitszeit hin zur Freizeit.
- Ansteckung durch Kollegen, die bereits innerlich gekündigt haben.
- Die Arbeit dient nur dem Gelderwerb.
- Eine Überschätzung der eigenen Kompetenzen, die zu negativen Arbeitsergebnissen führt.

Woran können Sie Mitarbeiter erkennen, die innerlich gekündigt haben?

Diese Mitarbeiter klagen und schimpfen direkt oder indirekt auf Gäste, Kollegen, Vorgesetzte oder über die Arbeit generell. Sie lassen sich häufig und wegen Kleinigkeiten krankschreiben. Sie ziehen sich zunehmend aus dem Team zurück und verringern ihre gewohnte Arbeitsleistung, nach dem Motto: »Dienst nach Vorschrift«. Auch Fortbildungen sind für sie kein Thema, denn private Interessen sind wichtiger als der Beruf. Sie sind eine Belastung für das gesamte Team und reduzieren den wirtschaftlichen Erfolg. Es entsteht ein Missverhältnis zwischen den Kosten des Mitarbeiters und seiner Produktivität. Zum Umgang und zur Bewältigung dieses Zustandes ist die offene Ansprache dringend notwendig. Loben, sobald er etwas gut macht, kann hierbei hilfreich sein. Auch die Einbeziehung des gesamten Teams ist manchmal unvermeidbar, denn auch Hintergrundkonflikte könnten ein Auslöser für eine innere Kündigung sein. Regelmäßige Teamsupervision kann klärend wirken, das »Wir-Gefühl« stärken und Kon-

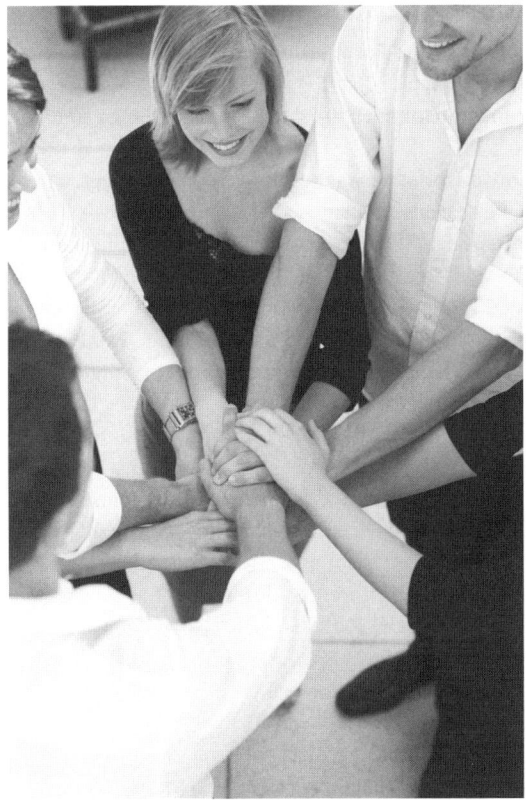

○ **Abb. 7.8** Teambildung (© Jacob Wackerhausen/iStockphoto)

flikte vorbeugend verhindern. 20–30 Prozent der Mitarbeiter in der öffentlichen Verwaltung sollen sich bereits im Zustand der inneren Kündigung befinden.

7.3.5 Das Team

Ein neuer Mitarbeiter ist in der Regel Mitglied eines Teams. Kommt ein neuer Bartender ins Team oder verlässt ein anderer die Gruppe, entsteht ein völlig neuer »Gruppenkörper«. Bereits die Veränderung von einer Person verändert die physische und die psychische Gestalt einer Gruppe. Nach Witte & Ardelt (1989) sind Gruppen gekennzeichnet durch eine Mehrzahl von Personen, die in einer direkten Interaktion zueinander stehen. Sie erleben Zusammengehörigkeit und nehmen sich als Entität wahr, »wir Bartender« und »die Gäste«. Ein Team hat ausdifferenzierte Rollen, Gruppennormen, ein »Wir-Gefühl«, verfolgt gemeinsame Ziele und ist zeitlich überdauernd (○ Abb. 7.8). Die Teamarbeit bewegt sich auf ein Ziel zu. Damit sich eine Gruppe als arbeitsfähig erweisen kann, durchläuft sie nach Tuckman (1965) vier aufeinanderfolgende Phasen. Dazu benötigen Teams mehr oder weniger Zeit. Ginnett (1990) beschreibt zum Beispiel, dass eine Flugzeugcrew in nur zehn Minuten »preformed« (arbeitsfähig) sei. In der übrigen Arbeitswelt, so auch in der Gastronomie, wird es in der Regel etwas längere Zeit beanspruchen, um die folgenden vier Phasen der Teamkonsolidierung zu durchlaufen.

Die 4 Phasen der Gruppenbildung nach Tuckman:

1. **Forming (Orientierungs- und Formierungsphase):** Die Mitglieder finden sich zusammen und lernen sich kennen.
2. **Storming (Konfrontationsphase):** Es ist die Phase, in der es zu Rivalitäten um Macht und Einfluss kommt.
3. **Norming (Kooperationsphase):** Spielregeln werden festgelegt, an die sich jeder halten muss. Ausbildung von Gruppennormen (Regeln und Werte).
4. **Performing (Arbeitsphase):** Erst jetzt ist die Gruppe leistungsfähig.

Konflikte können in den Phasen »storming« und »norming« auftreten oder auch chronifiziert sein. In diesem Fall wäre das Team nicht voll leistungsfähig. Konflikte bedeuten immer einen Energieverlust im System. Häufig wird der Konflikt auf ein Mitglied projiziert, das zum Sündenbock für das Böse erklärt wird und anschließend von der Gruppe ausgeschlossen wird. Kurzzeitig erscheint das Problem als gelöst. Doch oft dauert es nicht lange, dann inszeniert sich der Konflikt erneut und zwar so lange, bis die Ursache erkannt, benannt und behoben ist. Dies ist der Moment, indem psychologisches Wissen und Kompetenzen sehr hilfreich und nützlich sein können, um persönlichen und wirtschaftlichen Schaden abzuwenden. Ständig neue Gruppen zu bilden, ist mit einem hohen Reibungsverlust verbunden.

Die **Gruppenbildung** kann gefördert werden durch

- räumliche Nähe,
- häufige interpersonale Kontakte,
- wahrgenommene Ähnlichkeit der Kollegen,
- Unterstützung der direkten Kommunikation,
- ein gemeinsames Schicksal (wir und die Konkurrenz),
- das Schaffen kleiner Arbeitseinheiten (»face-to-face«),
- die Möglichkeit der unmittelbaren Kommunikation,
- die Verpflichtung zu wechselseitiger Zusammenarbeit,
- eine Formalisierung der Kommunikationsmöglichkeiten sowie
- die Verflechtung von Arbeitseinheiten (z.B. gemeinsame Erfolgserlebnisse).

Das Team leiten

Dieser Abschnitt soll dem Leser eine Anregung bieten, über das Thema »Teamleitung« nachzudenken. Sicher gibt es Hoteliers und Gastronomen, die stark motiviert sind zu führen und eine Führungsposition zu übernehmen, während andere lieber geführt werden möchten. Bitte bedenken Sie, die Chefrolle ist oft eine »einsame« Rolle. Sie beinhaltet zwar mehr Befugnisse, erfordert jedoch auch die Übernahme der Verantwortung, wenn etwas schief geht (◧ Abb. 7.9).

»Der Begriff Führungsstil bezeichnet ein langfristiges, relativ stabiles, von der Situation unabhängiges Verhaltensmuster der Führungsperson, das zugleich die Grundeinstellung gegenüber den Mitarbeitern zum Ausdruck bringt. Der Führungsstil kann einen erheblichen Einfluss auf den Erfolg einer Organisation haben. Gut geführte Mitarbeiter sind in der Regel zufrieden, motiviert und engagiert. Dies wirkt sich wiederum positiv auf die Kundenzufriedenheit aus.« (Quelle: Wikipedia »Führungsstil«, abgerufen am 30.03.2012).

Es gibt mehrere Arten von Teamführung. Es gibt **charismatische Führer**, die aufgrund ihrer außergewöhnlichen Ausstrahlung führen. Es gibt klassische Führungsstile wie die **autoritäre Führung** (der Chef bestimmt, wo es lang geht; siehe auch Adorno 1950), die **kooperative Füh-**

rung (der Chef unterstützt und alle werden am Entscheidungsprozess mehr oder weniger beteiligt) oder die **Laissez-faire-Führung** (die Gruppe entscheidet alles selbst, der Chef hält sich zurück). **Situative Führung** bedeutet einen situationsangepassten Wechsel der Führungsstile, je nachdem, welcher Führungsstil gerade am geeignetsten ist. Bei der Leitung einer Großveranstaltung oder eines Banketts, wo zum Beispiel 30 Servicekräfte das Essen gleichzeitig servieren, eignet sich vielleicht kurzfristig ein autoritärer Führungsstil. Während sich im Alltagsgeschäft eher der demokratische oder Laissez-faire-Führungsstil bewährt. Demotivierend wirkt jedenfalls, wenn der Teamleiter die Fähigkeiten seiner Mitarbeiter abwertet oder nicht gebührend wahrnimmt und würdigt. Es gibt auch Teams, die von einer **Doppelspitze** geführt werden, wobei der eine auf die Erreichung der Ziele achtet (dieser ist dann eher unbeliebt) und der andere mehr auf die emotionalen Wünsche der Mitarbeiter eingeht (dieser wird eher beliebt sein). Die Motivation eines Teams wird maßgeblich durch eine gute Führung erzeugt. Welcher Führungsstil ein bestimmtes Team am besten motiviert, soll an dieser Stelle nicht vorgegeben werden.

Im Teamprozess gibt es drei wichtige, beachtenswerte Bereiche:

- **1. Der Arbeitsauftrag:** Eine klare Formulierung des Arbeitsauftrages ist sehr wichtig. Die Bewältigung der Arbeitsaufgabe ist das Ziel. Manchmal sind die Ziele jedoch zu hoch gesteckt oder es fehlt bei der Führung oder den Mitarbeitern an Kompetenzen, diese zu erreichen. Hier wären dann Personalentwicklungsmaßnahmen eine Möglichkeit, um Defizite zu beheben. Die Leitung und jeder Mitarbeiter sollten den Arbeitsauftrag gemeinsam, verbindlich und positiv formulieren.
- **2. Der Gruppenrahmen:** Der Teamleiter hat für das Einhalten des Gruppenrahmens zu sorgen. Übertritt ein Mitarbeiter den Rahmen, zum Beispiel ist er chronisch unpünktlich oder handelt an den Grenzen des Gruppenrahmens, dann sollte dies angesprochen und geklärt werden. Dies sind Störungen bei der Erfüllung des Arbeitsauftrages, die sich auf das ganze Team negativ auswirken können.
- **3. Die Arbeitsstörungen:** Konflikte und Ambivalenzen im Team sind keine Schande, sondern eher die Regel. Für die Klärung von Konflikten ist der Gruppenleiter, zum Bei-

7

◘ **Abb. 7.10** Arbeitskonflikte (© Image Source/Thinkstock)

spiel der Barchef, verantwortlich. Deshalb sollte er mögliche Arbeitsstörungen erkennen, benennen und klären können. Im Absatz »Innere Kündigung« wurden schon einige Symptome genannt, die auf eine Störung hindeuten können. Beispiele für Arbeitsstörungen:

- Kampf oder Flucht: Die Teammitglieder hören auf, sich am Arbeitsauftrag zu orientieren und kämpfen gegeneinander oder gegen den Chef. Dies kann zur Flucht von Mitgliedern führen und hohe Kosten verursachen.
- Bei autoritärer Führung bildet sich eine vom Führer abhängige Gruppe. Ist dieser nicht anwesend, verliert die Gruppe an Arbeitsleistung nach dem Motto: »Sobald die Katze aus dem Haus ist, fangen die Mäuse an zu tanzen«.
- Teilgruppen und Paarbildungen (wenn sich bestimmte Mitarbeiter gegen andere verbünden) können die Arbeitsleistung stören (◘ Abb. 7.10).

ⓘ Merke!
Konflikte kosten das Team Energie. Die Mitglieder können sich gegenseitig stützen und nähren aber auch gegenseitig verhungern lassen. Eine Lösung von Arbeitsstörungen besteht darin, sich immer wieder auf die Arbeitsaufgabe zu besinnen. Teamkonflikte werden oft von unbewussten Motiven der Mitarbeiter, aber auch der Leitung, gesteuert. Liegt eine chronifizierte Arbeitsstörung vor, dann kann eine Supervision durch einen externen Supervisor hilfreich und nötig werden.

■   **Übung 30**

An dieser Stelle möchte ich Ihnen ein paar Gedanken aus der Gruppenanalyse mitgeben, die als Anregung zur Reflexion gedacht sind:

— Die Firma ist keine Familie.

— Der Gruppenleiter gibt den Rahmen vor.

— Wo Störungen sind, gibt es kein Lernen.

— Nicht »entweder-oder«, sondern »sowohl-als-auch«.

— Jeder Mensch ist existenziell und sozial orientiert.

— Es besteht ein Wechsel zwischen Individuum und Gruppe.

— Der Gruppenleiter sollte seine Fähigkeiten zum Besten der Gruppe einsetzen.

— Kein Leben ohne Gruppe. Selbst in den inneren Bildern sind immer andere dabei.

— Das Verstehen der eigenen Position geht Hand in Hand mit dem Verstehen von anderen und dem Verstandenwerden von anderen.

Klinische Hotel- und Barpsychologie

8.1   Einleitung

Das letzte Kapitel dieses Buches möchte ich den psychologischen Phänomenen widmen, die in der Gastronomie, aber auch in unserer Gesellschaft, oft nur zögerlich angesprochen werden. Hierbei handelt es sich um die klinisch bedeutsamen Symptome des Erlebens und Verhaltens, die ich klinische Hotel- und Barpsychologie nennen möchte. Es ist der Bereich, der sich mit etwaigen psychischen Störungen von Personen beschäftigt.

Ich möchte im Folgenden auf zwei der häufigsten Störungsbilder eingehen, die Depression und die Angststörungen. Des Weiteren möchte ich sehr auffällige und schwierige Gästetypen nicht unbeachtet lassen und werde Ihnen die Symptomatik bei verschiedenen Persönlichkeitsstörungen vorstellen. Nicht näher eingehen möchte ich an dieser Stelle auf Suchterkrankungen (s. ► Kap. 4.3), Psychosen, Behinderungen und traumatische Belastungen. Ich finde ein solches Kapitel deshalb so wichtig, weil psychische Beschwerden und Störungen sowohl bei Gästen als auch bei Kollegen und Mitarbeitern vorkommen können. Personen mit psychischen Erkrankungen, aber auch mit bestimmten Behinderungen, stellen eine besondere Herausforderung für das gastronomische Personal dar. Ein kompetenter Umgang sowie Offenheit und Verständnis gegenüber diesen Personen können sehr nützlich sein und dabei helfen, Berührungsängste abzubauen. Verständnis verringert die Unsicherheit und erhöht die Handlungskompetenz. Zum Ende dieses Kapitels werde ich noch kurz auf das in der Psychologie sehr wichtige Phänomen der Übertragung und der Gegenübertragung eingehen und abschließend noch etwas zum Thema Supervision sagen. Damit soll es dann erst einmal genug sein.

8.2   Der sorgenvolle Gast

8.2.1   Depression

Die Depression ist die häufigste psychische Erkrankung. Etwa jede vierte Frau und jeder achte Mann erkranken im Laufe ihres Lebens einmal daran. In Deutschland gibt es circa vier Millionen Menschen mit einer Depression, die eine Behandlung erfordern würde, aber nur 0,4 Millionen werden ausreichend behandelt. Da fragt man sich, was machen die restlichen 90 Prozent? Viele Menschen, gerade Männer, suchen dann zum Beispiel Trost und Abhilfe im Alkohol. Da Depressionen so häufig in der Bevölkerung vorkommen, ist es sehr wahrscheinlich, dass sich auch Hotelmitarbeiter und Gastronomen immer wieder mit diesem Krankheitsbild konfrontiert sehen.

Ob sie es erkennen und überhaupt erkennen wollen, ist sicherlich individuell unterschiedlich. Damit Sie eine Depression schneller erkennen können, möchte ich Ihnen in Anlehnung an das internationale Klassifikationssystem psychischer Störungen ICD-10 der Weltgesundheitsorganisation WHO (World Health Organization) im Folgenden die Symptome aufzeigen, die während einer depressiven Phase am häufigsten vorkommen:

- gedrückte Stimmung,
- Verlust von Interesse und Freude,
- verminderter Antrieb,
- vermindertes Selbstwertgefühl und Selbstvertrauen,
- verminderte Konzentration und Aufmerksamkeit,

- ein Gefühl von Schuld und Wertlosigkeit,
- eine negative und pessimistische Zukunftsperspektive,
- Suizidgedanken oder suizidale Handlungen,
- Schlafstörungen,
- frühmorgendliches Erwachen und Morgentief,
- sexuelle Lustlosigkeit sowie
- Appetitverlust und Gewichtsverlust größer als 5 Prozent des Körpergewichts.

Das Erkrankungsrisiko ist in der Familie um das Dreifache erhöht, wenn ein Eltern- oder Geschwisterteil an einer Depression erkrankt ist. Die Ursachen der Depression können vielfältiger Natur sein. Verlust und Trennung können eine Depression auslösen, aber auch gestörte Hirnstoffwechselprozesse und organische Erkrankungen.

Ich habe schon öfter den Satz gehört, »ein Bartender ist doch auch wie ein Psychologe«. Wenn man sich seine Rolle etwas genauer betrachtet, dann scheint da sogar etwas dran zu sein. Ein Bartender lernt zum Beispiel seine Gäste sehr gut kennen, hört ihnen zu, genießt mitunter ein sehr hohes Vertrauen, berät und rät seinen Gästen und ist diskret und verschwiegen. Es sind diese Eigenschaften des Bartenders, die einen Gast dazu bewegen können, sich zu öffnen und sein Leid zu klagen. Der Alkohol lockert zusätzlich die Zunge, was dazu beitragen kann, dass ein Gast sehr persönlich und intim wird. Sorgen und Ängste können genauso zum Thema werden wie Scheidung, Schulden oder tiefere Einblicke in Abgründe, bei denen man als Gastronom auch mit Recht sagen könnte: »Dafür mein Lieber, werde ich schon längst nicht mehr bezahlt« (◘ Abb. 8.1).

Manche Gäste (be)nutzen ihren Bartender gezielt, um ihre Sorgen zu besprechen, sich eine andere Meinung einzuholen, ja regelrecht um von ihm in den unterschiedlichsten Belangen beraten zu werden. Und es sind v.a. die nächtliche Atmosphäre und die nicht enden wollenden Gespräche, welche eine kathartische (ausleitende) Wirkung entfalten. Und nebenbei werden die Sorgen, die nicht mehr zu ertragen sind, durch die Wirkung des Alkohols für kurze Zeit erträglich, um nicht zu sagen »weggesoffen«.

In Deutschland wird im städtischen Umfeld mittlerweile jede zweite Ehe geschieden und somit gehören Trennungsgeschichten zum Alltag eines jeden Bartenders. Dies ist leider traurige Realität. Oder wie erleben Sie es? Wenn man weiß, dass eine Trennung oder Scheidung (Verlustthematik) ein Auslöser für eine Depression sein kann, wen wundert es da noch, dass sich auch sorgenbeladene Gäste an der Bar einfinden. Und solche Gäste kommen vielleicht gerade »weil« ihnen die Bar eine Möglichkeit bietet, sich abzulenken, über Probleme zu sprechen oder sogar wieder einen neuen Partner zu finden.

Es mag sein, dass über Jahrhunderte hinweg das Wirtshaus, neben der Kirche, der Platz war, um seine Stimmung zu heben und die Sorgen loszuwerden, zumindest kurzfristig. Verstehen Sie mich bitte richtig. Die meisten Ihrer Gäste haben hoffentlich keine Depression. Ich formuliere es deshalb etwas überspitzt, um Ihnen zu zeigen, dass ein depressiver Mensch auch heute noch häufig zurückgreift auf »alternative Mittel«, die Jahrhunderte lang üblich waren und ihre Dienste taten, obwohl es heutzutage auch andere Anlaufstellen und gut ausgebildete Spezialisten gibt.

Depressive Erkrankungen nehmen zu. Und wenn tatsächlich nur zehn Prozent der Betroffenen in Behandlung sind, wo sind dann die anderen? Sicherlich sucht ein Teil nach wie vor Trost im Alkohol, leider auch, weil man es nicht oder zu spät erkennt, dass eine behandlungsbedürftige Erkrankung vorliegt.

8

◘ Abb. 8.1 Depressiver Gast in einer Bar (© Terry J. Alcorn/iStockphoto)

8.2.2 Angst

Eine andere große Gruppe der psychischen Erkrankungen, die mit oder ohne Depression vorkommen können, stellen die **Angst- und Panikstörungen** dar (◘ Abb. 8.2).

Eine **generalisierte Angststörung** (etwa jeder 20.–25. Gast) zeigt sich in einer frei flottierenden Angst mit Symptomen wie ständige Nervosität, Zittern, Muskelspannung, Schwitzen, Benommenheit, Herzklopfen, Schwindelgefühle, Oberbauchbeschwerden, erhöhte muskuläre Spannung und Übererregbarkeit. Eine ähnliche Auftretenshäufigkeit zeigt die **soziale Phobie.** Hier leiden die Betroffenen unter der Angst sich zu blamieren, abgelehnt oder nicht gemocht zu werden. Sie vermeiden deshalb Situationen, die solche Empfindungen auslösen können.

Bei **spezifischen Ängsten** (etwa jeder 50. Gast) ist die Angst auf ein bestimmtes Objekt (Spinne, Hund) oder auf eine spezifische Situation (im Aufzug, Flugzeug) beschränkt. Ängste in Menschenmengen, auf öffentlichen Plätzen sowie beim Reisen (v.a. bei weiter Entfernung von zu Hause), werden als **Agoraphobie** bezeichnet.

Eine **Panikattacke** (kennt etwa jeder 100. Gast) entsteht plötzlich und geht einher mit Herzklopfen, Brustschmerz, Erstickungsgefühl, Schwindel, Entfremdungsgefühl, Furcht zu sterben

oder wahnsinnig zu werden. Die Anfälle dauern meist nur einige Minuten, manchmal aber auch länger. Die Diagnose muss ein Arzt stellen, denn auch ein Herzinfarkt kann sich ähnlich äußern und bedarf dann umgehender ärztlicher Hilfe.

ℹ Merke!
Die meisten Gäste kommen jedoch aus anderen Gründen: wegen der Geselligkeit, den Freunden, zum Flirten oder einfach, weil sie Sie mögen und sich bei Ihnen wohl fühlen.

8.3 Schwierige Persönlichkeiten

Ein gepflegtes Miteinander mit Gästen ist in der Regel relativ unkompliziert und angenehm. Problematisch und belastend ist hingegen der Umgang mit schwierigen Gästen, Kollegen und Vorgesetzen. Wenn Persönlichkeiten von der sogenannten Norm abweichen und auffallen, dann zeigt sich das meistens auch in der Art, wie sie mit ihrer Umwelt in Kontakt treten und Beziehungen gestalten. Im Folgenden werde ich Ihnen 11 Persönlichkeitstypen vorstellen, die nach den Diagnosekriterien der WHO eher auffällig sind. Sicher werden Ihnen schon sehr bald Beispiele dazu einfallen. Dennoch möchte ich Sie darum bitten, weder Ihre Familienmitglieder, Gäste, Freunde oder Bekannten definitiv in die eine oder andere dieser Schubladen zu stecken. Die absolut klar und abgegrenzt definierbare Persönlichkeit gibt es nicht. Wir alle sind Mischtypen und zeigen mehr oder weniger häufig dieses oder jenes Merkmal. Bei Kindern und Jugendlichen ist der Charakter noch nicht ausgebildet, und man würde auch grundsätzlich keine dieser starren Zuordnungen treffen.

Laut Prof. Dr. Peter Fiedler, einem der führenden Persönlichkeitsforscher (auf dem Kongress zur 3. Welle der Psychotherapie, am 12.10.2011 in Frankfurt/Main), sind wir nach unserem Grundgesetz freie Individuen. Jeder kann sich geben wie er möchte und nach seiner Fasson leben und glücklich werden. Um eine Persönlichkeitsstörung zu diagnostizieren, muss die Person leiden und/oder ein ethisch, moralisch oder rechtlich verwerfliches Handeln zeigen. Liegt dies nicht vor, dann liegt auch keine Persönlichkeitsstörung vor. Alles andere ist das Problem des Diagnostikers.

Zitiert nach dem ICD-10 möchte ich Ihnen nun die dort klassifizierten Persönlichkeitsstörungen vorstellen. Die Häufigkeit eines jeden Störungsbildes in der Bevölkerung liegt bei etwa 1–4 Prozent und tritt bei beiden Geschlechtern auf. Um eine psychiatrische beziehungsweise psychologische Persönlichkeitsstörung klassifizieren zu können, bedarf es jahrelanger fachärztlicher oder fachpsychologischer Erfahrung. Die Symptome müssen Merkmale sein, welche bereits über viele Jahre und meistens schon seit der Jugendzeit oder dem frühen Erwachsenenalter bestehen. Außerdem müssen mehrere Beschreibungsmerkmale gleichzeitig auftreten. Wissenschaftlich fundierte Verhaltensweisen im Umgang mit schwierigen Gästen, die nicht einer persönlichen Meinung entstammen, konnte ich in der Literatur nicht finden. Und ich halte eine solche Verhaltensrezeptur oder einen Leitfaden auch nicht für förderlich. Denn nicht für jeden wäre ein und dieselbe Verhaltensvorgabe angebracht. Deshalb habe ich mich dazu entschieden, meine Meinung auf eine sehr kurze und subjektive Empfehlung zu begrenzen. Und ich möchte Sie dazu einladen, dass Sie sich selbst darüber Gedanken machen, ob Sie solche Persönlichkeitstypen kennen und wie Sie jeweils mit diesen umgehen möchten.

8.3.1   Paranoide Persönlichkeitsstörung

»Diese Persönlichkeitsstörung ist durch übertriebene Empfindlichkeit gegenüber Zurückweisung, Nachtragen von Kränkungen, durch Misstrauen sowie eine Neigung, Erlebtes zu verdrehen, gekennzeichnet, indem neutrale oder freundliche Handlungen anderer als feindlich oder verächtlich missgedeutet werden, schließlich durch streitsüchtiges und beharrliches Bestehen auf eigenen Rechten, ferner ungerechtfertigte, wiederkehrende Verdächtigungen bezüglich der sexuellen Treue des Ehe- und Sexualpartners. Diese Personen können zu pathologischer Eifersucht, zu überhöhtem Selbstwertgefühl und häufiger, übertriebener Selbstbezogenheit neigen.« (ICD-10 2011, S. 236)

Ihre Service-Idee:

....

Meine Service-Idee: Eher zurückhalten, klare Signale senden, wenig scherzen, auf Misstrauen und Streitsucht gefasst sein.

8.3.2   Schizoide Persönlichkeitsstörung

»Eine Persönlichkeitsstörung, die durch einen Rückzug von affektiven, sozialen und anderen Kontakten mit übermäßiger Vorliebe für Phantasie, einzelgängerisches Verhalten und in sich gekehrte Zurückhaltung gekennzeichnet ist. Es besteht nur ein begrenztes Vermögen, Gefühle auszudrücken und Freude zu erleben.« (ICD-10 2011, S. 237/238)

Ihre Service-Idee:

....

Meine Service-Idee: Freundlich distanziert, dem Gast Raum lassen, eher Einzelplatz anbieten.

8.3.3 Schizotype Störung

»Eine Störung mit exzentrischem Verhalten und Anomalien des Denkens und der Stimmung, die schizophren wirken, obwohl nie eindeutige und charakteristische schizophrene Symptome aufgetreten sind. Es kommen vor: ein kalter oder unangemessener Affekt, Anhedonie und eigentümliches, exzentrisches Verhalten, Tendenz zu sozialem Rückzug, paranoische oder bizarre Ideen, die aber nicht bis zu eigentlichen Wahnvorstellungen gehen, zwanghaftes Grübeln, Denk- und Wahrnehmungsstörungen, gelegentlich vorübergehende, quasipsychotische Episoden mit intensiven Illusionen, akustischen oder anderen Halluzinationen und wahnähnlichen Ideen, meist ohne äußere Veranlassung. Es lässt sich kein klarer Beginn feststellen; Entwicklung und Verlauf entsprechen gewöhnlich einer Persönlichkeitsstörung.« (ICD-10 2011, S. 103)

Ihre Service-Idee:

....

Meine Service-Idee: Distanziert bis nah, je nach Empfinden, die Sonderheiten eher nicht kommentieren, offen sein für bizarre Verhaltensweisen, nötigenfalls begrenzen.

8.3.4 Dissoziale Persönlichkeitsstörung

»Eine Persönlichkeitsstörung, die durch eine Missachtung sozialer Verpflichtungen, einen Mangel an Gefühlen für andere, Neigung zu Gewalt oder herzloses Unbeteiligtsein gekennzeichnet ist. Zwischen dem Verhalten und den herrschenden sozialen Normen besteht eine erhebliche Diskrepanz. Das Verhalten erscheint durch Erlebnisse einschließlich Bestrafung nicht änderungsfähig. Es besteht eine geringe Frustrationstoleranz und eine niedrige Schwelle für aggressives, auch gewalttätiges Verhalten, ferner eine Neigung, andere zu beschuldigen oder vordergründige Rationalisierungen für das Verhalten anzubieten, durch das die betreffende Person in einen Konflikt mit der Gesellschaft geraten ist.« (ICD-10 2011, S.239)

Ihre Service-Idee:

....

Meine Service-Idee: Freundlich, distanziert, auf Regelbrüche vorbereitet sein (beim Bezahlen der Rechnung, Provokationen, Übergriffe, Schlägerei …).

8.3.5 Emotional instabile Persönlichkeitsstörung

»Eine Persönlichkeitsstörung mit deutlicher Tendenz, Impulse ohne Berücksichtigung von Konsequenzen auszuagieren, verbunden mit unvorhersehbarer und launenhafter Stimmung. Es besteht eine Neigung zu emotionalen Ausbrüchen und eine Unfähigkeit, impulshaftes Verhalten zu kontrollieren. Ferner besteht eine Tendenz zu streitsüchtigem Verhalten und zu Konflikten mit anderen, insbesondere wenn impulsive Handlungen durchkreuzt oder behindert werden. Zwei Erscheinungsformen können unterschieden werden: Ein impulsiver Typus, vorwiegend gekennzeichnet durch emotionale Instabilität und mangelnde Impulskontrolle; und ein Borderline- Typus, zusätzlich gekennzeichnet durch Störungen des Selbstbildes, der Ziele und der inneren Präferenzen, durch chronische Gefühle innerer Leere, durch intensive, aber unbeständige soziale Beziehungen und eine Neigung zu selbstdestruktivem Verhalten mit parasuizidalen Handlungen und Suizidversuchen.« (ICD-10 2011, S. 240)

Ihre Service-Idee:

....

Meine Service-Idee: Wie bei der dissozialen Persönlichkeit.

8.3.6   Histrionische Persönlichkeitsstörung

»Eine Persönlichkeitsstörung, die durch oberflächliche und labile Affektivität, Selbstinszenierung, einen theatralischen, übertriebenen Ausdruck von Gefühlen, durch Suggestibilität, Egozentrik, Genusssucht, Mangel an Rücksichtnahme, erhöhte Kränkbarkeit und ein dauerndes Verlangen nach Anerkennung, äußeren Reizen und Aufmerksamkeit gekennzeichnet ist.« (ICD-10 2011, S. 242)

Ihre Service-Idee:

....

Meine Service-Idee: Freundlich distanziert, unterhaltsam, bestätigend zeigen, evtl. begrenzen, auf emotionale Turbulenzen vorbereitet sein.

8.3.7   Anankastische (zwanghafte) Persönlichkeitsstörung

»Eine Persönlichkeitsstörung, die durch Gefühle von Zweifel, Perfektionismus und von übertriebener Gewissenhaftigkeit gekennzeichnet ist; damit verbunden sind ständige Kontrollen, Halsstarrigkeit, Vorsicht und Rigidität. Es können beharrliche und unerwünschte Gedanken oder Impulse auftreten, die nicht die Schwere einer Zwangsstörung erreichen.« (ICD-10 2011, S. 243)

Ihre Service-Idee:

....

Meine Service-Idee: Regeln und Normen betonen, zum Beispiel Stammplatz und Stammgetränk anbieten und nicht verändern, auf »Etikett« achten, in den Regeln bestärken, ggf. nicht neben einen Histrioniker platzieren, weil dieser seine Ordnung stören könnte.

8.3.8 Ängstliche (vermeidende) Persönlichkeitsstörung

»Eine Persönlichkeitsstörung, die durch Gefühle von Anspannung und Besorgtheit, Unsicherheit und Minderwertigkeit gekennzeichnet ist. Es besteht eine andauernde Sehnsucht nach Zuneigung und Akzeptiertwerden, eine Überempfindlichkeit gegenüber Zurückweisung und Kritik mit eingeschränkter Beziehungsfähigkeit. Die betreffende Person neigt zur Überbetonung potentieller Gefahren oder Risiken alltäglicher Situationen bis zur Vermeidung bestimmter Aktivitäten.« (ICD-10 2011, S. 244)

Ihre Service-Idee:

....

Meine Service-Idee: Freundlich und emphatisch, fürsorglich, schützend, an einen »sicheren« Platz setzen, aufmunternd, bestätigend.

8.3.9 Abhängige (*asthenische*) Persönlichkeitsstörung

»Personen mit dieser Persönlichkeitsstörung verlassen sich bei kleineren oder größeren Lebensentscheidungen passiv auf andere Menschen. Die Störung ist ferner durch große Trennungsangst, Gefühle von Hilflosigkeit und Inkompetenz, durch eine Neigung, sich den Wünschen älterer und anderer unterzuordnen sowie durch eine Schwäche gegenüber den Anforderungen des täglichen Lebens gekennzeichnet. Die Kraftlosigkeit kann sich im intellektuellen oder emotionalen Bereich zeigen; bei Schwierigkeiten besteht die Tendenz, die Verantwortung anderen zuzuschieben.« (ICD-10 2011, S. 245)

Ihre Service-Idee:

....

Meine Service-Idee: Freundlich führend, evtl. Getränke und Speisen empfehlen, Sicherheit vermitteln, ggf. begrenzen.

Darüber hinaus sind im (ICD-10, 2011) unter »Sonstige spezifische Persönlichkeitsstörungen« u.a. die Narzistische Persönlichkeitsstörung und die Passiv-aggressive Persönlichkeitsstörung aufgeführt, werden jedoch nicht näher beschrieben.

8.3.10 Narzisstische Persönlichkeitsstörung

Die narzisstische Persönlichkeitsstörung zeichnet sich aus durch mangelndes Selbstbewusstsein und Ablehnung der eigenen Person nach innen, wechselnd mit übertriebenem und sehr ausgeprägtem Selbstbewusstsein nach außen. Daher sind diese Personen immer auf der Suche nach Bewunderung und Anerkennung, wobei sie anderen Menschen wenig echte Aufmerksamkeit schenken. Sie haben ein übertriebenes Gefühl von Wichtigkeit, hoffen eine Sonderstellung einzunehmen und zu verdienen. Sie zeigen ausbeutendes Verhalten und einen Mangel an

Empathie. Es können wahnhafte Störungen mit Größenideen auftreten. Zudem zeigen Betroffene eine auffällige Empfindlichkeit gegenüber Kritik, die sie nicht selten global verstehen, was in ihnen Gefühle der Wut, Scham oder Demütigung hervorruft. (Quelle: http://de.wikipedia.org/wiki/Persönlichkeitsstörung, abgerufen am 01.04.2012)

Ihre Service-Idee:

....

Meine Service-Idee: Freundlich distanziert, bestätigen, sich bewundernd zeigen, keine Erwartungen haben und jederzeit auf Entwertungen gefasst sein, evtl. kein oder wenig Trinkgeld, trotz gutem Service und Bemühen um Freundlichkeit.

8.3.11 Passiv-aggressive Persönlichkeit

Die passiv-aggressive, auch negativistische Persönlichkeitsstörung, ist gekennzeichnet durch ein tiefgreifendes Muster negativistischer Einstellungen und passiven Widerstandes gegenüber Anregungen und Leistungsanforderungen, die von anderen Menschen kommen. Sie fällt insbesondere durch passive Widerstände gegenüber Anforderungen im sozialen und beruflichen Bereich auf und durch die häufig ungerechtfertigte Annahme, missverstanden, ungerecht behandelt oder übermäßig in die Pflicht genommen zu werden. (Quelle: http://de.wikipedia.org/wiki/Persönlichkeitsstörung, abgerufen am 01.04.2012).

Ihre Service-Idee:

....

Meine Service-Idee: Vorsichtig herantasten, nicht provozieren lassen, abgrenzen.

Für den Umgang mit schwierigen Gästen gibt es keine Pauschalempfehlungen. Meine Service-Ideen folgen auch keinen wissenschaftlichen Erkenntnissen, sondern sind eher spontaner Natur. Es gibt nicht »das« passende Verhalten, sondern jeder Bartender hat eine einzigartige Beziehung zu jedem einzelnen Gast. Die zwischenmenschliche Dynamik und Dimension einer Beziehung ist letztlich einmalig und für einen außenstehenden Dritten oft nicht »einsehbar«. Die oben genannten Persönlichkeitstypen (Störungsbilder) lassen sich gut in Rollenspielen darstellen. In speziell dafür vorgesehenen Supervisionsgruppen können so schwierige Servicesituationen und Konfliktszenen mit Gästen näher besprochen und genauer analysiert werden. Hierdurch wächst auch das Verständnis für Gäste und soziale Situationen. Eine Einzel- oder Teamsupervision bietet Raum zur Reflexion des eigenen Handels, der eigenen Gefühle und kann somit zum persönlichen Wachstum eines jeden Gastronomen und Hoteliers beitragen (s. ▶ Kap. 8.5).

ℹ️ Merke!
Erfahrungen im Umgang mit Gästen lassen sich bekanntlich nicht vererben, man muss sie machen.

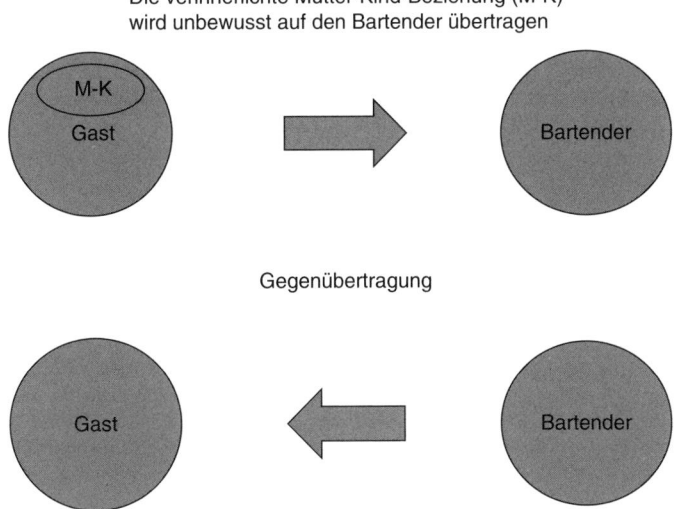

Abb. 8.3 Übertragung und Gegenübertragung (© Lampert)

- **Übung 31**

Bitte stellen Sie sich folgende Fragen:

- Was lösen die obigen Persönlichkeitstypen mit ihren Eigenheiten bei mir aus?
- Woher kenne ich das aus meinem Leben?
- Wie könnte ich (im Service) darauf reagieren?
- Was benötige ich, um noch besser damit umgehen zu können?

8.4 Übertragung und Gegenübertragung

Innerhalb von Beziehungen spielen die Übertragung und die Gegenübertragung eine bedeuten- de Rolle, weshalb ich noch kurz darauf eingehen möchte. Diese Phänomene haben innerhalb der psychodynamischen Therapie eine zentrale Bedeutung und zeigen sich überall dort, wo Menschen miteinander in Beziehung treten. Unter Übertragung versteht man, dass eine Person verinnerlichte frühe Beziehungserfahrungen unbewusst auf eine andere Person »überträgt«. Übertragungsphänomene werden besonders durch ähnliche Rollen oder Merkmale, wie sie die primären Beziehungspersonen (z.B. die Mutter) hatten, ausgelöst. Dies findet selbstverständlich auch in den gastronomischen Beziehungen statt. Da die Übertragung in der Regel unbewusst verläuft, merken es die Personen und deren Gegenüber nicht oder nicht sofort. So kann es bei- spielsweise sein, dass sich zwei völlig fremde Menschen in der Bar zum ersten Mal begegnen und sich innerhalb von wenigen Minuten ein Gefühlszustand einstellt, als ob sie sich schon ewig kennen würden, was dazu führt, dass sie dann auch sehr vertraut miteinander umgehen.

Überträgt ein Gast auf den Bartender, so kann es zum Beispiel dazu kommen, dass dem Bartender die Rolle der einstigen »versorgenden Mutter« zugewiesen wird: Er vertraut ihm dann wie selbstverständlich die intimsten Geheimnisse an und reagiert frustriert, sobald er nicht zur Verfügung steht (■ Abb. 8.3).

Andererseits kann es vorkommen, dass der Bartender unbewusst eigene alte Beziehungserfahrungen auf den Gast überträgt oder sich so verhält, als sei er seine »versorgende Mutter«, die zuhört und Anteil nimmt. Dies könnte dann eine Gegenübertragung sein. Die **komplementäre Gegenübertragung** funktioniert nach dem Schlüssel-Schloss-Prinzip, zum Beispiel: »Du bist bedürftig und ich gebe Dir was Du brauchst«. Ein anderer Gast könnte dem Bartender unbewusst die Rolle des Bewunderers zuweisen: »Du hast mich zu bewundern und zu bestätigen«, wie es bei narzisstischen Personen zu finden ist. Als Gegenübertragung im Bartender könnte dann Idealisierung, Bewunderung, Verweigerung oder ein Gefühl, sich klein und unwert zu fühlen, entstehen. Die Kontrolle der Gegenübertragung ist wegen ihrer besonderen Dynamik manchmal nicht einfach zu regulieren, weil sie sehr spontan auftritt und unbewusst verläuft. Alle in Kapitel 3.2 beschriebenen Persönlichkeiten können eine für sie typische Gegenübertragungsreaktion erzeugen.

Eine andere Form der Gegenübertragung ist die **konkordante Gegenübertragung**. Dabei fühlt man sich dann eher so »wie« sein Gegenüber. Ist ein Gast beispielsweise traurig und Sie werden dann auch plötzlich traurig, obwohl Sie vor dem Kontakt fröhlich waren, so könnte dies eine Folge einer konkordanten Gegenübertragung sein.

Die Wahrnehmung und der Umgang mit diesen Phänomenen könnte Thema eines ganzen Seminars sein und soll an dieser Stelle nicht weiter vertieft werden. Bartender sind psychodynamisch betrachtet häufig Übertragungsobjekte der Gäste. So ist es höchstwahrscheinlich auch, wenn ein Gast ungebührend wütend oder frustriert reagiert, so, als erlebe er beispielsweise (s)eine ihn »frustrierende Mutter«. Das Wissen um die Übertragungsphänomene könnte Ihnen tatsächlich dabei hilfreich sein, über das Verstehen der Zusammenhänge eine innere Distanz und somit Ihre Contenance zu bewahren. Da es in Ihrem Berufsalltag immer wieder um die Regulation von Beziehungen gehen wird, sei es zu Gästen, Kollegen oder zu Mitarbeitern, halte ich gezielte Psychohygienemaßnahmen der Mitarbeiter für ratsam.

8.5   Supervision

Eine Möglichkeit, Sorgen und Beziehungskonflikte besser verstehen zu können und beispielsweise Übertragungen der Gäste analysieren zu lernen, bietet die Einzel- oder Teamsupervision. Anhand von Fallbeispielen können mit einem externen (nicht zur eigenen Firma gehörenden) Supervisor konflikthafte Beziehungen und Situationen, zum Beispiel im Rollenspiel, dargestellt und analysiert werden (◘ Abb. 8.4). Supervision bietet die Möglichkeit eines tieferen Verstehens von Kommunikation und unbewussten Motiven und ist ein wirksames Instrument für Einstellungs- und Verhaltensänderungen. Die Beratung von Teams und Organisationen verbessert die Reflexion des eigenen Denkens, Fühlens und Handelns. Ungeklärte Konflikte erzeugen chronischen Stress und bilden zum Beispiel den Nährboden für »Burn-Out«. Stress ist oft die Folge mangelnder Problemlösefertigkeiten und/oder fehlender Ressourcen und erhöht schließlich die Fehl- und Krankheitstage eines Mitarbeiters. In vielen Bereichen des Berufslebens, insbesondere in Berufsbranchen, in denen die menschliche Kommunikation eine wichtige Rolle spielt und die »Emotionsarbeit« (aufgrund von Freundlichkeitserwartungen an das Personal) sehr ausgeprägt sein kann, sollte meines Erachtens eine regelmäßige Supervision angeboten werden. Supervision zahlt sich für den Einzelnen, das Team und somit auch für das Unternehmen aus. Und eine gute Arbeitsatmosphäre im Team spürt selbstverständlich auch Ihre Gästegemeinschaft.

◘ Abb. 8.4 Supervision (© iStockphoto/Thinkstock)

ⓘ Merke!
Wer seine Probleme im Team oder einer Supervision gut besprechen kann, der ist eher geschützt als diejenige, der Probleme ständig wiederholen muss, weil ihm Verständnis, Einsicht und Handlungsalternativen fehlen.

▪ Übung 32
Wir sind nun fast am Ende des Buches angekommen. Wenn Sie sich erinnern, sollten Sie in Übung 1 folgende Fragen beantworten:
1. Was hat Psychologie mit meinem Beruf zu tun?
2. Was weiß ich über Hotel- und Barpsychologie, was stelle ich mir darunter vor?
3. Was interessiert mich an Hotel -und Barpsychologie?

Nun möchte ich Sie bitten, die gleichen Fragen erneut zu beantworten und mit den Antworten aus Übung 1 zu vergleichen. Lassen Sie sich für die letzte Übung genügend Zeit und gehen im Stillen noch einmal alle Kapitel durch. Wenn Sie möchten, notieren Sie auf einem extra Blatt spontan alles, was Ihnen noch aus Ihrem Gedächtnis einfällt.

8.6 Ausblick

Ziel dieses Buches war es, in Ihnen ein Interesse für die psychischen Phänomene im Hotel und in der Gastronomie zu wecken. Sicherlich gibt es weitere Themen, die interessant und erwähnenswert sind wie beispielsweise der Umgang mit Reklamationen, unterschiedliche Kulturen und Sprachen in der Gastronomie, spezielle Konflikte und Konfliktlösungen, zwischenmenschliche Spielchen, Werbung und Konsumverhalten, VIP's, die Reichen und die Menschenwürde, die Gästeperspektive sowie der achtsame Umgang mit sich selbst und anderen. Zum gegenwärtigen Zeitpunkt wäre es jedoch ein überzogener Anspruch an dieses Buch, diese Themen weiter zu vertiefen.

Ich wünsche mir, dass ich mit diesem Buch Ihr Interesse an der Psychologie in der Gastronomie wecken und zu einem besseren Verständnis von seelischen Zusammenhängen in Hotels, Restaurants, Gaststätten sowie in und an den Bar beitragen konnte. Ich hoffe, dass ich eine Sprache finden konnte, die es Ihnen ermöglicht hat, sich etwas vertiefter in die psychologischen Phänomene Ihre Branche und Kollegen hineinzudenken. Da es bisher noch kein ähnliches Buch gibt, bin ich froh, diese Lücke erstmals in gewissem Umfang zu schließen. Es ist ein Aus- und Weiterbildungsangebot für das im Hotel und in der Gastronomie tätige Personal, das immer einen Rest an Fragen offen lässt. Diese Fragen können jedoch dazu motivieren, sich auf die Suche nach Antworten zu machen.

8

Hotel- und Barpsychologie ist nun nicht mehr nur ein leeres Wort oder eine Idee, von der bisher keiner genau wusste, was es damit auf sich hat. In diesem Buch wird erstmals ein möglicher »Lehrplan« des Faches angeboten, der Inhalte vorgibt, die auf weitere Bearbeitung und kritische Hinterfragung warten. Ich finde, Ihre Berufsgruppe hat es verdient, dass auch Ihre emotionalen Leistungen wahrgenommen, gewürdigt und anerkannt, aber auch geschützt werden.

Abschlussfragebogen

In der Psychologie und Gastronomie werden manchmal Fragebögen zur Evaluation der erbrachten Dienstleistung benutzt. Als Feedback für Ihren persönlichen Lernerfolg und für sich selbst, möchte ich Sie bitten, den Fragebogen anschließend auszufüllen.

1 = sehr gut, 2 = gut, 3 = befriedigend, 4 = ausreichend, 5 = mangelhaft, 6 = ungenügend

	1	2	3	4	5	6
Mein psychologischer Lernzuwachs						
Der Informationsgehalt des Buches						
Die didaktische Konzeption						
Die Arbeitsatmosphäre beim lesen						
Die praxisbezogene Darstellung						
Die Anwendbarkeit für meine Arbeit						
Gesamtbewertung						

Was fand ich positiv?

....

....

Was fand ich negativ?

....

....

Welche Verbesserungsvorschläge habe ich?

....

....

Wenn Sie möchten, dann können Sie mir auch gerne eine Kopie des Fragebogens zusenden.
e-mail: info@barpsychologie.de

Literatur

Allport GW, Odbert HS (1936) Trait-Names: A psycho-lexical study. *Psychological Monographs* 47 (211)

Amoore JE (1970) Molecular Basis of Odor. Charles C Thomas Publisher, Springfield

Adams JS (1965) Inequity in social exchange. *ADV. EXP. Soc. Psychol.* 62:335–343

Adorno TW, Frenkel-Brunswik E, Levinson D, Sanford N (1950) The authoritarian personality. Studies in prejudice series, Bd. 1. Harper & Roy, New York

Ainsworth MDS, Wittig BA (1969) Attachment and the exploratory behaviour of one-year-olds in a strange situation. In: Foss BM (Hrsg) Determinants of infant behavior, Bd. 4, Methuen, London, S. 113–136

Ainsworth MDS, Blehar MC, Waters E, Wall S (1978) Patterns of attachment. A psychological study of the strange situation. Lawrence Erlbaum Associates, Hillsdale, NJ

Arnold HJ, Feldman DC (1982) A multivariate analysis of the determinants of job turnover. *Journal of Applied Psychology* 67:350–360

Arvey RD, Bouchard TJ Jr., Segal NL, Abraham LM (1989) Job satisfaction: Environmental and genetic components. *Journal of Applied Psychology* 74:187–192

Asch SE (1946) Forming impressions of personality. *Journal of Abnormal and Social Psychology* 41(3):258–290

Asendorpf JB (2007) Psychologie der Persönlichkeit. 4. Aufl. Springer, Berlin/Heidelberg

Atkinson J W (1957) Motivational determinants of risk-taking behavior. *Psychological Review* 64(6):359–372

Atkinson JW, Birch D (1970) The dynamics of action, Wiley New York

Babor T et al. (1992) Types of alcoholics: I. Evidence for an empirically derived typology based on indicators of vulnerability and severity. *Archives of General Psychiatry* 49:599–608

Bandura A, Ross D, Ross SA (1963) Imitation of film-mediated aggressive models. *Journal of Abnormal and Social Psychology* 66:3–11

Baron RA (1977) Human Aggression. Plenum Press, New York

Bauer J (2004) Das Gedächtnis des Körpers. Wie Beziehungen und Lebensstile unsere Gene steuern. Eichborn, Frankfurt

Bentham J (1830) Constitutional Code; For the Use of All Nations and All Governments Professing Liberal Opinions Vol. I (1822–30, publiziert 1830), hrsg. von F. Rosen/J.H. Burns (The Collected Works of Jeremy Bentham), Oxford, 1983

Berne E (2002) Spiele der Erwachsenen. Psychologie der menschlichen Beziehungen. Rowohlt Taschenbuch Verlag, Reinbek

Berkowitz L (1962) Aggression. Beltz, Weinheim

Bourdieu P (1982) Die feinen Unterschiede. Kritik der gesellschaftlichen Urteilskraft. Suhrkamp, Frankfurt/Main

Bowlby J (1969) Bindung. Kindler, München

Broadbent DE (1958) Perception and Communication. Pergamon Press, London

Broadbent DE (1971) Decision and stress. Academic Press, New York

Buddeberg C (2003) Psychosoziale Medizin. Springer, Berlin/Heidelberg

Buss D (1998) Die Evolution des Begehrens. Geheimnisse der Partnerwahl. Goldmann, München

Buss D (2004) Evolutionäre Psychologie. 2. akt. Aufl. Pearson, München

Cloninger CR, Bohman M, Sigvardsson S (1981) Inheritance of alcohol abuse: cross-fostering analysis of adopted men. *Archives of General Psychiatry* 38(8):861–869

Comte A (1840) *Oeuvres d'Auguste Comte* (12 Bde1968-1971). Éditions Anthropos, Paris

Darley JM, Gross PH (1983) A hypothesis-confirm bias in labeling effects. *Journal of Personality and Social Psychology* 44:20–33

Darwin C (1871) Die Abstammung des Menschen und die geschlechtliche Zuchtwahl. 2 Bde. Aus dem Englischen übersetzt von J. Victor Carus. E. Schweizerbart'sche Verlagshandlung (E. Koch), Stuttgart

DGUV (2010): Multitasking Studie des Instituts für Arbeit und Gesundheit der Deutschen Gesetzlichen Unfallversicherung, Berlin

Dollard J, Miller N et al. (1939) Frustration and aggression. Yale University Press, New Haven

DSM IV (2003) Diagnostisches und Statistisches Manual Psychischer Störungen, hrsg. von Saß, H, Wittchen HU, Zaudig M. Hogrefe, Göttingen

Dunckel H, Zapf D (1986) Psychischer Stress am Arbeitsplatz. Bund-Verlag, Frankfurt

Durkheim E (1893) De la division du travail social: étude sur l'organisation des sociétés supérieures. Alcan, Paris 1933b; 1984a (Über die soziale Arbeitsteilung. Studie über die Organisation höherer Gesellschaften. Suhrkamp, Frankfurt, 1977)

Ekman P (1992) An argument for basic emotions. *Cognition and Emotion* 6:169–200

Ekman P (2010) Gefühle lesen. Wie Sie Emotionen erkennen und richtig interpretieren. 2. Aufl. Spektrum Akademischer Verlag, Berlin/Heidelberg

Elliot AJ, Niesta D (2008) Romantic red: Red enhances men's attraction to women. *Journal of Personality and Social Psychology* 95(5):1150–1164

Epstein S (1990) Cognitive-experiental self-theory. In: Pervin LA (Hrsg) Handbook of personality. Theory and research Guilford Press, New York, S. 165–192

Eysenck HJ, Rachmann S, Klix F (1967) Neurosen, Ursachen und Heilmethoden. Einführung in die moderne Verhaltenstherapie. Deutscher Verlag der Wissenschaften, Berlin

Festinger L (1957) A theory of cognitive dissonance. Stanford University Press, Stanford, CA

Fiske ST, Taylor SE (1991) Social cognition, 2. Aufl. McGraw Hill, New York

Freud S (1856–1939) Gesammelte Werke. Fischer, Frankfurt

Gloger-Tippelt G, Vetter J, Rauh H (2000) Untersuchungen mit der »Fremden Situation« in deutschsprachigen Ländern: Ein Überblick. *Psychologie in Erziehung und Unterricht* 47:87–98

Goldberg LR (1990) An alternative »description of personality«: The Big-Five factor structure. *Journal of Personality and Social Psychology* 59:1216–1229

Goldberg LR (1992) The development of markers for the Big-Five factor structure. *Psychological Assessment* 4:26–42

Goleman (1998) Emotionale Intelligenz. 22. Aufl.2011. dtv, München

Greitemeyer T, Schulz-Hardt S, Frey D, Traut-Mattausch E (2002) Erwartungsgeleitete Wahrnehmung bei der Einführung des Euro. Der Euro ist nicht immer ein Teuro. Wirtschaftspsychologie 4/2002. Pabst Science Publishers

Grawe, Klaus (2004) Neuropsychotherapie. Hogrefe, Göttingen

Hacker W (1998) Allgemeine Arbeitspsychologie. Psychische Regulation von Arbeitstätigkeiten. Huber, Bern

Hackman JR, Morris CG (1975) Group tasks, group interaction process, and group performance effectiveness: A review and proposed integration. In: Berkowitz L (Hrsg) Advances in experimental social psychology. Bd 8. Academic Press, New York, S. 45–99

Harris TA (2012) Ich bin o.k. - Du bist o.k.: Wie wir uns selbst besser verstehen und unsere Einstellung zu anderen verändern können. Eine Einführung in die Transaktionsanalyse. 46. Auflage Rowohlt, Reinbeck

Heckhausen J, Heckhausen H (2010) Motivation und Handeln. 4. Aufl. Springer, Berlin/Heidelberg

Hegel GWF (1800): Enzyklopädie der philosophischen Wissenschaften. Bde 1–3. Redaktion: Eva Moldenhauer, Karl Markus Michel. Suhrkamp, Frankfurt am Main, 1970

Held D, Scheier C (2006) Wie Werbung wirkt. Erkenntnisse des Neuromarketing. Haufe-Lexware, Freiburg

Heusel G (2008) Neuromarketing. Erkenntnisse der Hirnforschung für Markenführung, Werbung und Verkauf. Haufe-Lexware, Freiburg

Herzberg F, Mausner B, Snyderman B, Bloch B (1959) *The motivation to work.* 2. Aufl. Wiley, New York

Hill SH (1992) Absence of paternal sociopathy in the etiology of severe alcoholism: Is there a type III alcoholism? *Journal of Studies on Alcohol* 53:161–169

Hofstätter PR (1960) Das Denken in Stereotypen. Vandenhoek & Ruprecht, Göttingen

Hull CL (1935) The conflicting psychologies of learning: A way Out. *Psychological Review* 42:491–516

Hull CL (1943) Principles of behavior. Appleton, New York.

ICD-10 (2011): Internationale Klassifikation psychischer Störungen, 5. überarb. Aufl., Hrsg. Dilling H, Freyberger HJ, Hans Huber, Bern

Jellinek EM (1960) The Disease Concept of Alcoholism. Hillhouse, New Haven

Jonas K, Stroebe W, Hewstone MRC (2007) Sozialpsychologie. 5. Aufl. Springer, Berlin/Heidelberg

Karremans JC, Stroebe W, Claus J (2006) Beyond Vicary's fantasies: The impact of subliminal priming and brand choice. *Journal of Experimental Social Psychology* 42(6):792–798

Kieser A, Walgenbach P (2997) Organisation. 5. Aufl. Schäffer-Pöschel, Stuttgart

Kraus L, Pabst A, Piontek D, Müller S (2010) Trends des Substanzkonsums und substanzbezogener Störungen. Ergebnisse des Epidemiologischen Suchtsurveys 1995–2009. *Sucht* 56(5):337–348

Kretschmer E (1921) Körperbau und Charakter. Springer, Berlin

Lampert C, Marron M (2004-2007) Verschiedene Beiträge in: *Mixology –Magazin für Barkultur,*Berlin

Latané B, Williams K, Harkins S (1979) Many hands made light work: the causes and consequences of social loafing. *Journal of Personality and Social Psychology* 37:822–32

Laucken U (1974) Naive Verhaltenstheorie. Klett-Cotta, Stuttgart

Lazarus RS (1974) Psychological stress and coping in adaptation and illness. *International Journal of Psychiatry in Medicine* 5:321–333.

Le Bon G (1895) Psychologie der Massen. Kröner Verlag, Stuttgart (15. Aufl. 1982)

Lewin, K. (1942): Field Theory and Learning. In: Cartwright D (Hrsg) Field theory in social science: Selected theoretical papers, London

Libet B (1985) Unconscious cerebral initiative and the role of *Cognition* will in voluntary action. *Cognition* 88:528

Lindenmeyer J (2010) Lieber schlau als blau. Entstehung und Behandlung von Alkohol- und Medikamentenabhängigkeit. 8. Aufl. Beltz, Weinheim

Lindenmeyer J (2006) Alkoholmissbrauch und -abhängigkeit. In: Wittchen HU, Hoyer J: Klinische Psychologie und Psychotherapie. Springer, Berlin/Heidelberg

Mai J, Rettig D (2011) Ich denke also spinn ich. 2. Aufl. dtv, München

Mehrabian A (1972) Nonverbal Communication. Aldine-Atherton, Chicago

Mehta R, Zhu RP (2009) Blue or red? Exploring the effect of color on cognitive task performances. *Advances in Consumer Research* 36:1045

Metz R, Grüner H, Kessler T (2010) Hotel und Gast. 12. Aufl. Fachbuchverlag Pfanneberg, Haan-Gruiten

Neisser U (1967) Cognitive Psychology. Appleton-Century-Croft, New York (Kognitive Psychologie, Klett-Cotta, Stuttgart, 1974, 1988)

Nieschlag R, Dichtl E, Hörschgen H (2002) Marketing. 19. Aufl. Duncker und Humbloth, Berlin

Oberfeld D, Hecht H, Gamer M, (2010) Surface lightness influences perceived room height. *The Quarterly Journal of Experimental Psychology*. iFirst 1–13. DOI:10.1080/17470211003646161

Pawlow IP (1927) Conditioned reflexes. (G.V. Antrep, Trans.) Oxford University Press, London

Reisch B (1995) Erfolg im China-Geschäft: Von der Personalauswahl bis zum Kundenmanagement. Campus Verlag, Frankfurt/New York

Sarris V (1990) Methodologische Grundlagen der Experimentalpsychologie. Bd 1 u.2. Ernst Reinhardt Verlag, München

Schuler H (1992) Das multimodale Einstellungsinterview. *Diagnostica* 38: 281–300

Schulz v. Thun F (1981, 1989, 1998, 2007) Miteinander Reden. 4 Bde, Rowohlt Taschenbuch Verlag, Reinbek

Shiffrin RM, Schneider W (1977) Controlled and automatic human information processing: II. Perceptual learning, automatic attending, and a general theory. *Psychological Review* 84:127–190.

Skinner BF (1953) Science and human bahavior. Macmillan, New York (Wissenschaft und menschliches Verhalten. Kindler, München, 1973)

Straif K et al. (2007) Carcinogenity of shift-work, painting, and fire-fighting. *The Lancet Oncology* 8(12):1065–1066

Statistisches Bundesamt (Hrsg) (2010a): Fachserie 14: Finanzen und Steuern, Reihe 9.1.1: Absatz von Tabakwaren 2009. Wiesbaden

Statistisches Bundesamt (Hrsg) (2010b): Fachserie 14: Finanzen und Steuern, Reihe 9.1.1: Absatz von Tabakwaren – 1. Vj. 2010. Wiesbaden

Suchtberatung TU Kaiserslautern (2011): http://www.uni-kl.de/Suchtberatung/Alkohol/alkohol. html, vom 15.04.2011)

Tuckman BW (1965): Development sequence small groups. *Psychological Bulletin* 63(6):384–399

Vaillant GE (1983) The natural history of alcoholism. Harvard University Press, Cambridge/Mass.

Watson JB, Raynor R (1920) Conditioned emotional reaction. *Journal of Experimental Psychology* 3:1–14

Watzlawick P, Beavin JH, Jackson DD (2011) Menschliche Kommunikation. 12. Aufl. Hans Huber, Bern (1. Aufl. erschienen 1974)

Wilson EO (1975) Sociobiology: The New Synthesis. Harvard University Press, Cambridge /Mass.

Witkin HA (1972) Personality through perception: An experimental and clinical study. Greenwood Press, Westport, Conn.

Witte EH, Ardelt E (1989) Gruppenarten, -strukturen und -prozesse. In: Roth E (Hrg): Organisationspsychologie: Enzyklopädie der Psychologie. Hogrefe, Göttingen S. 459–486

Zapf D (2002) Skript zur Vorlesung: Arbeits- und Organisationspsychologie. Johann-Wolfgang-Goehte-Universität Frankfurt; http://web.uni-frankfurt.de/fb05/psychologie/Abteil/ABO/studium/skript.htm

Zimbardo PG, Gerrig RJ (2008) Psychologie. 18. Aufl. Pearson, München

Zuckerman M (1984) *Behavioural and Brain Sciences* 7:413–471

Stichwortverzeichnis

Z

.